水利工程管理与施工技术研究

孟东辉　高　原　孟薇萱　著

中国建材工业出版社

北　京

图书在版编目（CIP）数据

水利工程管理与施工技术研究/孟东辉，高原，孟薇萱著.--北京：中国建材工业出版社，2024.6
ISBN 978-7-5160-4191-8

Ⅰ.TV6；TV52

中国国家版本馆 CIP 数据核字第 2024HM8397 号

水利工程管理与施工技术研究
SHUILI GONGCHENG GUANLI YU SHIGONG JISHU YANJIU
孟东辉　高　原　孟薇萱　　著

出版发行：中国建材工业出版社
地　　址：北京市西城区白纸坊东街 2 号院 6 号楼
邮　　编：100054
经　　销：全国各地新华书店
印　　刷：北京印刷集团有限责任公司
开　　本：710mm×1000mm　1/16
印　　张：12.5
字　　数：167 千字
版　　次：2025 年 1 月第 1 版
印　　次：2025 年 1 月第 1 次
定　　价：65.00 元

前　言

　　水利工程作为工程建设中的重要组成部分，可以提高水资源的利用效率，使水资源不仅可以用于农业生产和人民生活，还可以用于水力发电，这对于经济建设与发展以及人们的生产生活都十分有利。同时，水利工程还具有防洪、治涝的功能，大大降低了自然灾害发生的概率，保障了人民的生命安全，促进了人民生活质量的提升。而为了确保水利工程的顺利进行，还需要对水利工程进行高效、高质量的管理，促进水利工程建设的有效落实。

　　水利工程施工技术是水利工程建设中不可或缺的一环，水利工程一般规模巨大；工程复杂，涉及水文水资源、水利结构、土地利用等多个学科领域，工程任务复杂多样；工程施工周期长；施工环境也较复杂。因此，研究水利工程施工技术不仅能够保证工程质量和安全，提高工程施工效率，还可以保护生态环境。

　　本书是关于水利工程管理与施工技术研究的著作。内容包括水利工程基础知识、水利工程建设项目管理、水利工程质量管理、水利工程项目成本管理、水利工程施工导流技术、水利工程土石方工程施工技术、水利工程混凝土工程施工技术。

　　笔者在撰写本书的过程中，参考了大量的文献资料，在此对相关文献资料的作者表示感谢。此外，由于水平有限，书中难免会存在不足之处，敬请广大读者和各位同行予以批评指正。

目 录

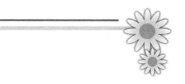

第一章　水利工程基础知识

第一节　水利工程枢纽及建筑物概述

一、水资源与水利工程

(一)水资源

水是不仅自然界一切生命的源泉,还是人类社会不断发展必不可少的重要资源。在当前技术发展水平下,人类可以利用到的水资源主要是江、河、湖、海和地下水体中的淡水资源。

水资源通常被认为是可以再生的,人类可以不断地重复利用。但事实上受气候影响,水资源在时间、空间上分布是很不均匀的。不同地区之间、同一地区年际及年内汛期和枯水期的水资源量可能相差很大。水量偏多就会造成洪涝灾害,偏少往往造成干旱灾害。所以,想要改变这一现状,就需要在认识和掌握水资源变化规律的基础上,结合水资源天然的时间和空间的分布特点,根据国民经济各用水部门的需水情况,通过人工修建进行必要的蓄水、引水、提水或跨流域调水等水利工程,让水资源的分布可以与人类的需求相适应,使水资源得到合理开发利用和保护,从而更好地造福人类。

(二)地球水资源

据统计,地球上的总水量约 13.86 亿 km^3,其中海水占 96.5%,虽然占了绝大部分,但是海水是地球淡水循环中必不可少的水源。而可直接为人类饮用并且可用于生产的,即当今称为水资源的天然淡水,仅占地球总水量约 2.5%,而且其中约 73% 的天然淡水资源是处于两极冰盖及高山冰川之中,而剩余的近 30% 是地下水。地下水中的 13.5% 是在 800m 以下的底层深处,开采难度很大,对地球生物和人类的可持续性生存与发展而言,这样高难度的开采也并非易事。方便人类开发利用的湖泊中的地表淡水仅占全球淡水总量的 0.3% 左右,而最具有开发意义的流动在江河中的淡水仅占全球淡水的 0.006%,非常之少。由此可见,地球上可供人类开发利用的淡水资源并不充裕。

(三)我国的水资源

我国的水资源既存在着优势也存在着劣势。从总量上看,我国是水资源比较丰富的国家之一,年平均总量为 28000 亿 m^3。由于我国地域辽阔,河流众多,境内有七大水系(长江、黄河、珠江、淮河、海河、辽河与松花江水系)覆盖大部分疆土;澜沧江、怒江、雅鲁藏布江、黑龙江等国际性河流也均有一半以上的长度位于我国境内;另外,西北地区也有一些内陆河流,所有河流的总长度共 42 万 km,其中流域面积在 $1000km^2$ 以上的就达到 1600 多条。在世界前 12 位长河中,我国就有 4 条,分别是长江、黄河、澜沧江、黑龙江,分别列世界第 3、5、7、9 位。此外,我国还有众多的湖泊,水域面积在 $1km^2$ 以上的有 2800 多个,$100km^2$ 以上的有 130 多个。我国还有大小冰川面积约 6 万 km^2,约占世界总冰川面积的 0.36%。因此,就水资源总量而言,我国仅次于巴西、俄罗斯、加拿大、美国、印度尼西亚,位居世界第 6 位。由于青藏高原与海平面的巨大落差,我国拥有了得天独厚的水能资源。全国水能理论蕴藏量可达到 6.8 亿 kW,其中可开发的有 3.78 亿 kW。按照技术可开发容量,我国 300MW 级大型水电站约 270 座,其中 300MW 级大型水电站约 100 座,50~300MW 中型水电站约 800 座,小型水电站上万座,微型电站不计其数,年发电量达 1900 多亿 kWh,居世界第 1 位。可开发的年发电量按流域统计的水能资源理论蕴藏量及可开发容量。

另外,由于我国人口众多,人均水资源占有量却很少,仅为世界人均水量的 1/4,从这个角度看我国的水资源并不丰富。加之我国自然降水在时空上分布不均匀,水资源的地区分布与人口、耕地等的分配不均衡等,造成贫水情况进一步加剧。在时间上,我国天然降水年内分布很不均匀,年内约 70% 的雨水集中在夏、秋的 2～4 个月内,很多地区会出现暴雨,而暴雨形成的径流在短时间内大量即归入大海,不仅难以有效利用,甚至会引起洪灾,造成巨大损失。其他月份则降水量稀少,来水量常常满足不了用水需求;丰水年雨多量大易形成洪灾,枯水年则少雨,甚至无雨造成旱灾是我国降水的明显特点。在空间上,我国天然降水的分布有如下规律:东南多西北少,华南多华北少。东南沿海平均降水量可以达到 1600mm以上,形成明显对比的是华北、东北的大部,仅为 400～800mm,而西北广大地区小于 250mm,缺水情况严重。根据统计,少雨地区面积约占全国面积的 1/2。在水、土等资源的匹配上,我国长江及江南各流域年径流量占全国总量的 82%,占了一多半,而耕地面积仅占全国总耕地面积的38%;而我国最大的黄淮平原耕地面积占全国的 40%,是小麦、棉花等重要作物的集中产区,同时也是煤炭、石油、钢铁、重工业及化工业的重要基地,其农业产量占全国的 40%,人口和国民生产总值占全国的 1/3。但是对于该地区极为重要的水资源却严重缺乏,黄河、淮河、海河三大流域年径流量的总和仅仅占全国的 6.6%;京、津、冀、鲁地区是北方地区经济发展中心,整个地区人口约有 2 亿,而水资源却仅占全国的 2.2%,人均水资源量仅为全国平均水平的 15.5%。该地区工农业生产对全国经济持续发展和粮食安全十分重要,而水资源的严重匮乏制约了其经济发展。

(四)水利工程

人类需要的是适时适量的水,水量偏多或偏少往往会造成洪涝或者干旱等灾害。自古以来旱、涝灾害一直是世界自然灾害中损失最大的两种灾害。受气候影响,水资源在时间、空间上分布常常是不均匀的。不同地区之间、同一地区年际之间及年内汛期和枯水期的水量相差很大,因此,常常来水与用水需求是不匹配的。为了解决这一矛盾,满足国民经济各用水部门的需求,让水资源在时间和空间上的合理分配,就必须修建水利工程。

水利工程是指对自然界的地表水和地下水进行控制和调配,以达到兴利除害的目的而修建的工程。兴建水利工程是除水害、兴水利最为有效的措施。水利工程可以实现在时间上重新分配水资源,做到蓄洪补枯,以防止洪涝灾害,避免旱灾,同时可以发展灌溉、发电、供水等事业。兴建水利工程还可以改善水域环境,疏浚航道,建造码头,促进水上运输,防止水质污染、维护生态平衡。因此在国民经济发展中都需要因地制宜地修建一系列水利工程。

(五)水利工程的分类

水利工程按其承担的任务可分为防洪工程、灌溉排水工程或农田灌溉工程、水力发电工程、城市供水和排水工程、航道及港口工程、环境水利工程等。

按其对水的作用可分为蓄水工程、排水工程、取水工程、输水工程、提水工程、水质净化和污水处理工程。

一项工程同时兼有几种任务的称为综合利用水利工程。现代水利工程多是综合利用的工程。水资源开发利用由原始的单一目标,向现代的多目标、整体优化转变,是人类文明进步的体现。

(六)水利工程的特点

第一,工作条件复杂受自然条件制约。

第二,施工难度大。

第三,结构形式的特殊性。

第四,对自然环境及社会环境影响大。

第五,失事后果严重。

二、水利枢纽与水工建筑物

(一)水工建筑物

为了既能够满足防洪要求,又能够获得发电、灌溉、供水等方面的效益,就需要在河流的适宜地段修建不同类型的建筑物,用来控制和分配水流,这些建筑物统称为水工建筑物。

1．水工建筑物按作用分类

(1)挡水建筑物

用以拦截江河,形成水库或壅高水位,如各种坝和水闸,以及为抗御洪水或挡潮,沿江河海岸修建的堤防、海塘等。

(2)泄水建筑物

用以宣泄多余的水量、排放泥沙和冰凌或为人防、检修而放空水库、渠道等,以保证坝和其他建筑物的安全。

(3)输水建筑物

为灌溉、发电和供水的需要从上游向下游输水用的建筑物,如引水隧洞、引水涵管、渠道、渡槽等。

(4)取(进)水建筑物

是输水建筑物的首部建筑,如引水隧洞的进口段、灌溉渠首和供水用的进水闸、扬水站等。

(5)整治建筑物

用以改善河流的水流条件,调整水流对河床及河岸的作用,以及为防护水库、湖泊中的波浪和水流对岸坡的冲刷,如丁坝、顺坝、导流堤、护底和护岸等。

(6)专门建筑物

为灌溉、发电、过坝需要而修建的建筑物,如专为发电用的压力前池、调压室、电站产房,专为灌溉用的沉沙池、冲沙闸,以及专为过坝用的船闸、升船机、鱼道、过木道等。

同一种水工建筑物有时可起不同的作用,有时可兼有多种作用。前者如枢纽中的隧洞,有的是配合溢流坝或河岸溢洪道作为泄水建筑物,有的则是作为水电站或者灌溉的取水建筑物,后者如水闸,既起挡水作用,又起泄水作用。

2.水工建筑物按使用期限分类

(1)永久性建筑物

这种建筑物在运用期长期使用,根据其在整体工程中的重要性又分为主要建筑物和次要建筑物。主要建筑物是指在失事后将造成下游灾害或严重影响工程效益的建筑物,如闸、坝、泄水建筑物、输水建筑物及水电站厂房等。次要建筑物是指失事后不至于造成下游灾害和对工程效益影响不大,且易于检修的建筑物,如挡土墙、导流墙、工作桥及护岸等。

(2)临时性建筑物

这种建筑物仅在施工期间使用,如围堰、导流建筑物等。

(二)水利枢纽

在某一地点集中修建的不同类型水工建筑物组成的综合体称为水利枢纽。一个水利枢纽的功能可以是单一的,如防洪、灌溉、发电、引水等,但大多数是兼有几种功能的,称为综合利用水利枢纽。

水利枢纽的分类如下:

水利枢纽按其所在地区的地貌形态可分为平原地区水利枢纽和山区(包括丘陵区)水利枢纽。

水利枢纽按承受水头的大小可分为高、中、低水利枢纽。一般水头70m 以上者为高水头枢纽,30～70m 者为中水头枢纽,30m 以下者为低水头枢纽。

水利枢纽按承担任务的不同,可分为防洪枢纽、灌溉(或供水)枢纽、水力发电枢纽和航运枢纽等。

多数水利枢纽承担多项任务,也就是为了实现多个目标兼有多种功能。枢纽正常运行中各部门之间对水的要求是不同的,如防洪部门希望汛前降低水位加大防洪库容,而兴利部门则希望扩大兴利库容而不愿汛前过多降低水位;水力发电只是利用水的能量而不消耗水量,发电后的水仍可用于农业灌溉或工业供水,但发电、灌溉和供水及用水时间不一定一致。因此在进行水利枢纽设计时,应使上述矛盾得到合理解决,以便做到降低工程造价,从而满足国民经济各部门的需要。

三、水利工程的设计任务和特点

(一)水利工程的设计任务

1. 工程勘测

主要为水利建设事业勘查、测量、搜集有关的水文、气象、地质、地理、经济及社会信息。

2. 工程规划

据社会经济系统的现实、发展规律及自然环境,确定除水害兴水利的部署。

3. 工程设计

据已掌握的有关资料,利用科学技术,针对社会与经济领域的具体需求,设计水利工程。

4. 工程施工

结合当地条件和自然环境,组织人力、物力,按时完成建设任务。

5. 工程管理

为实现各项兴利除害目标,利用现代科学技术,对已建成的水利工程尽心调度、运行,以及对工程设施的安全监测、维护及修理、经营等工作。

6. 科技开发

密切追踪科学技术的最新成就,针对水利工程建设中存在的问题,创造和研究新理论、新材料、新工艺、新结构等,以提高水利工程的科学技术水平。

设计水利工程一般经历几个步骤:技术预测信息分析科学类比—系统分析方案分析—安全分析—施工分析—经济分析—综合评价。

(二)水利工程设计特点

1. 个性突出

几乎每个工程都有其独特的水文、地形、地质等自然条件,设计的工程与已有的工程的功能要求即使相同,也不可套用,应借鉴已有工程的经验,创造性地、个别地选定方案。

2.工程规模一般较大,风险也大

不容许采用在原模型上做试验的方法来选择决定最理想的结构。

3.重视规程规范的指导作用

由于设计还没有摆脱外界的影响经验模式,因此,设计工作很重视历史上国内外水工建设的成功经验和失败教训,用不同形式总结规范条文,以期能传播经验,少走弯路。

4.在施工过程中,不能以避让的方式摆脱外界的影响

因此水工建筑物经常会在未完工之前,将已建成的部分结构开始承担各种外部作用。

(三)水利工程设计类型

按照设计工作中有无参考样本或已有工程经验的情况,可以将设计分成下述几种类型。

1.开发型

设计时根据对建筑物的功能要求,工程师在没有样板设计方案及设计原理的条件下,创造出在质和量两方面都能满足要求的建筑物新型方案。

2.更新型

在建筑物总体上采用常规的形式和设计原理的同时,改进局面的建筑设计原理,使其具有新的质和量的特征。

3.适配型

设计中的建筑物采用常规的设计原理和形式,研究和选定结构的布置、尺寸和材料,均达到适合当地自然环境、地质、地形条件及施工条件、功能要求的常规设计。

评价工程设计优劣的标准是适用性、安全性、经济合理性,而不是单纯地求新,应摈弃刻意的标新立异。

四、水工建筑物设计的步骤和特点

水利工程建设系统大致如(图1-1)所示,社会和自然环境是系统的

外部,与系统相互作用。社会经济决定了水利工程的功能要求及资金、人力的投入量。自然环境条件将影响可能动用的物力、资源,水利工程的结构形式及工作特点等。

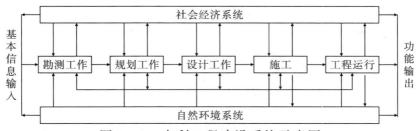

图 1—1 水利工程建设系统示意图

(一)建筑物设计阶段的主要工作步骤

(1)收集资料及信息,如水文、气象、地形、地质资料、地区经济资料、施工力量、资金渠道、国家及地方的有关政策及法规等。

(2)设计目标是明确工程总体规划及其对枢纽和建筑物的功能要求。

(3)提出方案,以初步选择的建筑物类型为基础,考虑与外部的联系和制约条件(如与其他建筑物的配合,与施工、管理、投资等的关系等),修正方案使其成为可行的方案。

(4)筛选可行的比较方案。

(5)对方案进行分析、比较、评价,选定设计方案。

(6)对建筑物进行优化定型及设计细部构造。

(7)初定建筑物的施工方案。

(8)对方案进行评价及验证。

(二)水工建筑物的分等、分级

水利部颁布的水利水电工程的分等、分级指标,将水利水电工程,根据工程规模、效益和在国民经济中的重要性分为五等;水利水电工程中的水工建筑物,根据其所属工程等别及其在工程中的作用和重要性划为五级。

水工建筑物设计的主要特点是逆向思考,开端就明确预期的结果,而后致力于寻找能达到预期结果的措施,因此,它和科研方法截然不同,是一个反向演绎的方法。学习方法是具有批判接受的态度,能从工作的多种角度提出问题,有彻底寻求的精神,能够培养创造精神,破除思维定式(成见)的束缚。

五、作用在水工建筑物上的荷载及其组合

作用是指外界环境对水工建筑物的影响。水工建筑物承受的主要作用有重力、水作用、渗透水作用、风及波浪作用、冰及冰冻作用、温度作用、土及泥沙作用、地震作用等。

建筑物对外界作用的响应,如应力、变形、振动等,称为作用效应,是结构分析的主要任务。进行结构分析时,如果开始用一个又一个明确的外力来代表外界的影响,则此作用(外力)可称为荷载。以上各种作用中的大部分可用外力来代表,在以后各章节中将直接称为荷载,这样能与工程习惯一致。另一部分作用,如温度作用、地震作用等,工程界习惯称为间接荷载。至于地基对坝或围岩对隧洞的作用,有时更为复杂,目前的解法多是将它们作为一个整体(建筑物地基联合体)来分析。

各种作用都具有变异性或随机性,随时间而发生变化的作用应按随机过程看待,但常可按一定条件统计分析,也可按随机变量对待。

(一)水工建筑物自重

1. 自重定义

水工建筑物自重即水工建筑物本身重力及位于其上的固定(永久)设备作用于水工建筑物的重力。

2. 自重性质

水工建筑物自重属于恒定荷载,对水工建筑物的工作状态起着重要作用。水工建筑物本身的重力可按 $G=\gamma V$ 确定。

式中 γ 为材料容重 kN/m;V 为体积 m 本身。

(二)水及渗透水压力

静水压力随上下游水位而定。静水压强 $p(kPa)$ 的计算公式如下

$$p=\gamma_w h(1-1)$$

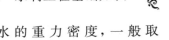

式中：h 为水面以下深度（m）；γ_w 为水的重力密度，一般取 9.81kN/m³。

水深为 H 时，单位宽度上的水平荷载 P 为

$$p=\frac{1}{2}\gamma_w H^2 \quad (1-2)$$

斜面、折面、曲面承受的总静水压力，除水平静水压力外还应计融入其垂直分力，即水重力或上浮力。

（三）波浪作用

当波浪推进到坝前，由于铅直坝面的反射作用产生驻波，波高为 $2h_1$，波长保持 L 不变。影响波浪形成的因素很多，目前主要用半经验公式确定波浪要素。规范对峡谷水库、平原水库及海岸带分别给出了各要素计算公式。下列官厅水库公式适用于峡谷水库

$$h_1=0.0166_0^{5/4}D^{1/3} \quad (1-3)$$

$$L=10.4_1^{0.8} \quad (1-4)$$

式中：v 为计算风速，m/s，指水面上 10m 处在 10min 内的风速平均值，水库为正常蓄水位和设计洪水位时，宜采用相应季节 50 年重现期的最大风速，校核洪水位时，宜采用相应洪水期最大风速的多年平均值；D 为风作用于水域的长度（km），称为吹程或风区长度，为自坝前（风向）到对岸的距离，当吹程内水面有局部缩窄，若缩窄处宽度 B 小于 12 倍的波长时，近似地取吹程 D=5B（也不小于坝前至缩窄处的距离）。

（四）土压力及泥沙压力

当建筑物背后有填土或淤泥时，随建筑物相对于土体的位移状况，将受到不同的土压力作用。建筑物有向前侧的位移时承受主动土压力，有向后侧的位移时承受被动土压力，不动时承受静止土压力。

水库蓄水后，流速减缓，河流夹带的粗颗粒泥沙将首先淤积在水库的底部，细颗粒被带到坝前，极细的颗粒随泄水排到下游，随水库逐渐淤积，最终粗颗粒泥沙也将移动到坝前，并泄到下游，水库达到新的冲淤平衡。水库淤积（包括坝前泥沙淤积）是河床泥沙冲淤演变的产物，其分布情况

与河流的水沙情况、枢纽组成及布置、坝前水流流态及水库运用方式关系密切。

统计表明,当水库库容与年人沙量的比值大于 100 时,水库淤积缓慢,一般可不考虑泥沙的影响;当该比值小于 30 时,工程淤沙问题比较突出,应将淤沙压力视为基本荷载,可按水库达到新的冲淤平衡状态的条件推定高程。一般情况下,应通过数学模型计算及物理模型试验,并比照类似工程经验,分析推定设计基准期坝前的淤积高程。

低高程的泄水孔或电站进水口附近,淤沙会呈漏斗状,可取进水口底高程作为漏斗底,考虑漏斗侧坡来确定坝前局部坝段的淤积高程。我国创造的利用泄洪底孔排出淤沙的方法(蓄清排浑)能有效地保存水库的工作库容。

(五)温度作用

建筑物随温度变化会产生膨胀或收缩变形。当变形受到约束时,建筑物内部会产生内力。结构由于温度变化产生的应力、变形、位移等,称为温度作用效应。其中,以混凝土结构及钢结构的温度作用效应最为明显。

热量来源主要为气温、日照、水温、基岩温度、水泥水化热及钢材焊接加热等。水库的水温受气温、来水情况、水库水下地貌和水库运行方式的影响,需要具体分析。大体积混凝土结构在施工期内产生大量的水泥水化热且不宜散发,而混凝土的强度增长缓慢,当气温降低时极易产生表面裂缝,甚至贯穿裂缝。混凝土结构的温度变化过程可分为三个阶段:

早期,自混凝土浇筑开始至水泥水化热作用基本结束为止。

中期,自水泥水化热作用基本结束起至混凝土冷却到稳定温度为止。

晚期,混凝土到达稳定温度后,结构的温度仅随外界温度变化而波动。

各期应分别计算所产生的温度作用效应。混凝土体随其龄期还会产生体积变化,其变化情况与水泥品种、骨料成分及保养条件有关。其作用效应与温度效用相似,一般与人温度作用效应一起分析。

(六)风作用

风能引发开阔的水域形成波浪。风作用在建筑物表面产生风压力。迎风面为正压,在背风面或角偶还可能产生负压,一般情况下可以不计风压,但对高耸孤立的水工建筑物则需要考虑风荷载的影响。

(七)地震作用

地震引发建筑物震动,地层表面做随机运动,震动会使得水工建筑物产生严重破坏。水工建筑物破坏情况取决于地震过程特点和建筑物的动态反应特性。我国受环太平洋地震带及欧亚地震带的影响,地震活动频繁,历史上多次发生灾害性大的地震,全国大部分地区为抗震设防区。地震烈度在 6 度以上的地震区面积占全国国土面积的 60％,其中 18％为 8、9 度强震区,而近期又处于地震活动上升期。另外,由于水库蓄水而引起库区及库水影响所及的邻近地区出现新的水库诱发地震,因此需要重视对水工建筑物的抗震分析。

1.地震作用效应的分类

(1)静态作用(静荷载),不使结构产生加速度或可以忽略不计,如自重、温度作用等。

(2)动态作用(动荷载),能使结构产生不可忽略的加速度,如地震作用。

建筑物承受地震作用效应的强弱,既取决于地震的强烈程度,也取决于建筑物的动力反应特性。抗震设计分为抗震计算和工程抗震措施两部分内容。水工建筑物抗震设计的基本要求是能抗御设计烈度的地震,如有轻微损坏,经一般处理仍可正常运用,在设计中注意做到以下几方面的内容。

①结合抗震要求选择有利的工程地段和场地。

②避免地基失效和靠近建筑物的岸坡失稳。

③选择安全、经济、有效的抗震结构和工程措施,注意结构的整体性和稳定性,改善结构的抗震薄弱部位。

④从抗震角度提出对工程的质量要求和措施。

⑤考虑震后便于遭受地震的建筑进行检修,能适时降低库水位。

2.建筑物的作用效应分析方法

（1）物理模型

物理模型方法是根据流体模型相似律制造模型,然后进行水力学模型试验。该方法是研究水利枢纽及水工建筑物水流现象、使用功能的主要手段,并已推进到研究泥沙问题。

（2）数学模型

数学模型方法是根据物理学定律,建立数学物理方程,构成工程结构的数学模型的方法。该方法依照规定的初始条件和边界条件,求解工程对外界作用的响应,并由此解决工程问题。其基本方法有以下几种。

①解析法。直接按模型的数学物理方程推导答案的解析式,是严格的理论解。

②差分法。对于模型的数学物理方程推导答案的解析式,是近似的解法。

③有限元法。有限元法是用离散的有限元体模拟建筑物的连续体,在力学上是近似的,但在数学解法上是严格的。

④经验类比法。参考已建成的同类工程的运用经验和观测结果,可以推测拟建工程的功能状态。

六、水工建筑物的安全性与可靠度分析

（一）对设计方案的基本要求

水工建筑物对其设计方案的基本要求是实用、经济和安全。其中,前两个问题主要是面对工程的直接有关方面（如使用者、受益者、投资者等）,可由设计人员与有关方面商定。而安全问题就事关社会,不能仅由上述人员讨论协商确定,需要面对有关的社会公众取得社会认可。

为了保证建筑物安全,必须在规划、设计阶段详加分析,保证其在蓄水、泄水能力、结构强度及稳定性等方面均有一定的安全储备。

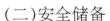

(二)安全储备

地基、基础是水利水电工程的主要组成部分,其强度及稳定性应给予同等重视。在建筑物的设计标准中,明确地规定出安全储备的要求。其表达形式有单一安全系数法和分项系数极限状态设计法。应当指出,如果将事故发生的原因追溯到人的参与状况,则可以分为如下两类。

第一,在规划、勘测、设计、施工、管理、运用各阶段中存在不合理的做法或违犯了规范、标准,这都是错误的行为,工程师的职责在于防止这些情况出现。

第二,发生了设计理论、规范、标准所未计及的事件,如不可抗拒的自然灾害或是工程界从来没有遇到过的情况。这是由于科技界认可水平有限,不是工程师的个人失误,应当通过定期总结经验,改进规范、标准,以减少这类失误。

(三)极限状态

当整个结构或结构的一部分超过某一特定状态,使得该结构不能满足设计规定的某种功能要求时,称此特定状态为结构该功能的极限状态。GB 50199—2013《水利水电工程可靠度设计统一标准》规定,结构需要按照下列两类极限状态进行设计。

1.承载能力极限状态

当结构或结构部件出现下列状态之一时,即认为超过了承载能力极限状态:失去刚体平衡;超过材料强度而破坏,或因过度的塑性变形而不能继续承载;结构或构件丧失弹性稳定;结构转变为机动体系;土石结构或地基、围岩产生渗透失稳等,即此时结构是不安全的。

2.正常使用极限状态

当结构或结构构件影响正常使用或到达耐久性的极限时,即认为达到了正常使用极限状态,即此时结构不适于使用。例如:影响结构正常使用或外观变形;对运行人员或设备、仪表等有不良影响的振动;对结构外形、耐久性及防渗结构抗渗能力有不良影响的局部损坏等。

结构的功能状态一般可用功能函数来表示。据已有经验得知,导致水工建筑物出现事故或失事的主要因素为:作用的不利性变异(偏大);抗力的不良性变异(偏小);状态方程表达不正确。因此,设计时一定要保持有安全储备,即令 $R-S>0$,从而使结构能应对偶然出现的不利局面,以保持原定功能。

(四)设计准则

1. 单一安全系数法

单一安全系数法的适用条件是 S 小于或等于 R/K,此处,K 为安全系数,R 为结构抗力的取用值,S 为作用效应的取用值。设计结构经过验算,如果 R/S 大于或等于规范给定的安全系数 K,即认为结构符合安全要求。此法形式简单,现有水工设计规范大都采用此法。

2. 分项系数极限状态设计法

分项系数极限状态设计法的基础理论是概率原理中的可靠度分析理论。将结构不能完成预定功能的概率称为失效概率 Pf。

结构的可靠度是指在给定的条件下结构在基准期内完成预定功能的概率,其基本测度为 PS,有时也用相反的测度,即结构失效概率 Pf。两者都能说明结构的性能,因为结构状态两者必居其一,即 $Pf+PS=1$。

结构的可靠度基于任何结构都不是绝对安全的,都是可能失效的观点,合理的安全指标要通过全面考虑失效后果(社会的、经济的)和工程安全投入等综合确定。结构可靠度分析的目的在于正确地定量评价结构或水工建筑物的可靠程度,提高工程决策(包括设计方案选择)的科学水平,做到水工建筑物的设计符合安全适用、经济合理、技术先进的要求。

七、水工建筑物的优化设计及状况分析

(一)工程设计的传统工作方式

首先,工程师根据经验与判断拟定方案,确定建筑物的布置形式,用估算方法测定出各组成构件的截面尺寸。

其次,用水力学计算校核其过流能力,用结构分析方法校核其各种作用组合条件下的作用效应,以检验是否满足规范和预定的目标,决定方案是否可行。

如果不能满足调整,则需要依照各因素的影响趋势,调整有关变量

（尺寸、材料等），不同的修正方案，需要重新分析，在几个设计方案的基础，选出一个既能满足功能要求，安全实用，又能使社会有关方面及业主满意的方案，作为推荐成果。由于受工程师主观判断能力及手工业分析工作浩繁的限制，比较方案的个数是有限的，因此，很难做到好中选优。

在计算机普及、最优化数学算法及程序软件迅速发展的现代，设计的优化问题可以表达为，从所有可能的方案中选择一个，以使预先规定的目标达到最满意。

(二)优化问题的求解方法

第一，图解法。它利于直观判断，但只适于解简单问题。

第二，解析法。适用于解决一些含有复杂的函数表达式的问题，但只适用于简单问题。

第三，数值法。可以灵活运用，是工程中实用的方法。

(三)水工结构的状况分析

水利水电工程需要在河道中施工，要解决施工导流问题，以保证施工期间河道水流能顺利地（对施工中建筑物无害，对河道上下游无害）通过坝区，并保持原有的（或尽可能满足）供水、通航、过木等功能。为此常采取如下一些措施：施工过程中在未建成的建筑物上临时泄流，如溢流重力坝、拱坝、碾压堆石坝都有这种功能；将永久性建筑物结合导流建筑物布置，如泄洪洞与导流洞结合，泄水孔、排沙孔与导流孔结合，围堰与导流墙或消力墙结合等；利用临时剖面施工期蓄洪；修建专用的导流建筑物。

第二节　水利枢纽布置

一、蓄水枢纽布置

水利枢纽布置，就是根据枢纽工程的地形、地质、水文、气象、交通、建筑材料等条件和运用要求，科学合理地安排枢纽工程中各建筑物的平面布置和高程。

水利枢纽布置是枢纽设计中一项重要而复杂的工作,涉及面宽、影响面大。枢纽布置是否科学合理,直接关系到工程的安全、造价、工期、效益和运行管理。因此,水利枢纽布置必须在充分准确掌握基本资料的基础上,从设计、施工、运行管理和技术经济等方面进行综合比较,选出最优方案。蓄水枢纽和引水枢纽在布置上有不同的特点和要求。

(一)坝址及坝型选择

坝址、坝型选择和枢纽布置关系密切,不同的坝轴线可选用不同的坝型和枢纽布置,对同一条坝轴线,也可采用几种坝型和枢纽布置方案。在优选坝址、坝型时,一般应考虑以下几个因素。

1.地质条件

坝址地质条件是建库建坝的基础,是衡量坝址优劣的重要条件之一,在某种程度上决定着枢纽工程的结构和投资。在该阶段作为宏观决策,关键是不能疏漏重大地质问题,对重大地质问题要有正确的定性判断,以便决定坝址的取舍或定出防护处理的措施,或在坝型选择和枢纽布置上设法适应坝址的地质条件。一般情况下,拱坝对两岸坝基地质条件要求较高,重力坝或支墩坝次之,土石坝要求最低;高坝要求较严格,低坝要求较低。坝址选择还必须对区域地质稳定性及库区的渗漏、库岸塌滑、岸坡及山体稳定等地质条件作出评价。

2.地形条件

坝址地形必须满足开发任务对枢纽布置的要求。一般来说,坝址河谷狭窄,坝轴线短,坝体工程量较小,但河谷太窄则不利于泄水建筑物、发电建筑物、施工导流及施工场地的布置,是否经济应根据枢纽总造价来衡量。通常,河谷两岸有适宜的高度和必需的挡水前缘宽度时,则对枢纽布置有利。对于多泥沙河流及有漂木要求的河道,应注意坝址位置对取水、防沙及漂木是否有利。对于通航河道,还应考虑通航建筑物的布置。对坝址上游,希望河谷开阔,争取在淹没损失较小的情况下获得较大库容。

坝址地形还应与坝型相适应,拱坝要求河谷狭窄;土石坝要求河谷宽阔、岸坡平缓,坝址附近或库区内有高程合适的天然山埡口,可供布置河岸式溢洪道,以及坝址附近有开阔的地形,便于布置施工场地。

3.建筑材料

坝址附近应有数量足够、质量符合要求的建筑材料,应便于开采、运输,且施工期间料场不会被淹没。

4.施工条件

坝址和坝型选择要考虑易于施工导流,施工交通运输、能源供应及便于布置施工场地。

5.综合效益及环境影响

对于不同坝址要综合考虑防洪、灌溉、发电、通航、过木、城市和工业用水、渔业及旅游等各部门的经济效益,并考虑兴建水库后,原来的陆相地表和河流型水域变为湖泊型水域,改变了地区自然景观,对自然生态和社会经济产生多方面的环境影响。其有利的是水电、灌溉、供水、养殖、旅游等得到发展,消除了洪水灾害,改善了气候条件等。但是,也会带来淹没损失、浸没损失、土壤沼泽化、水库淤积、诱发地震、生态失衡等不利影响。虽然水库对环境的不利影响与其社会、经济效益相比是次要的,但处理不当也可能造成严重的后果,故在进行水利枢纽规划和坝址选择时,必须进行认真的研究。

(二)枢纽布置

蓄水枢纽布置需要考虑的因素多、牵涉面广,但一般起决定作用的是枢纽承担的任务要求、挡水建筑物所采用的坝型和坝址附近的地形地质条件。

蓄水枢纽分类的方法较多,按挡水建筑物形式的不同,可分为重力坝枢纽、拱坝枢纽及土石坝枢纽。同一类型的蓄水枢纽,在建筑物组成和枢纽布置上,有许多共同的特点和相似之处,而不同类型的蓄水枢纽,其建筑物组成和枢纽布置则有很大差别。

1.重力坝枢纽

(1)重力坝枢纽布置的一般原则和要求

①由于重力坝坝体上可布置泄水、取水等各种建筑物,因此坝体布置

是枢纽布置的重要组成部分。一般在坝型选定后即可进行坝体布置。

②泄洪建筑物是影响枢纽布置和其他建筑物安全的关键,应先考虑其布置。开敞式溢流孔具有较大泄洪能力,一般应优先考虑。泄洪建筑物在平面上的布置不应影响电站、取水建筑物、船闸等的正常运行。

③水电站厂房的布置通常作如下考虑,位于狭窄河道而洪水流量大的高坝枢纽,可采用溢流坝与厂房重叠布置的形式,如厂房顶溢流式、厂前挑流式等,宽阔河道上的中、低坝常用河床式厂房,高坝则用坝后式厂房。

④坝身泄水孔除泄洪排沙外,还有其他重要的综合功能,如控制库水位、放空库水位等。在狭窄的河道上,泄水孔宜与溢流坝段结合,其消能方式宜与溢流坝统一考虑。宽阔河道可考虑分设。排沙孔应靠近发电(灌溉、供水)进水口、船闸闸首等部位,其流态不得影响这类建筑物的正常运行。泄水孔的位置应考虑放空水库、降低库水位、施工进度和施工方法等的要求而定。

⑤对于水电站、船闸、过木、过鱼等专门建筑物的布置,最重要的是保证它们具有良好的运用条件,并便于管理。关键是进、出口的水流条件。在布置时,需选择好这些建筑物本身及进、出口的位置,并处理好它们与泄水建筑物及其进、出口之间的关系。

⑥设于坝内的施工导流建筑物(如底孔、缺口、明渠等),其布置除能宣泄所承运的施工流量外,还应结合永久泄水建筑物的布置考虑。对于通航河流,还应考虑施工期的通航要求。

目前,已较广泛采取导流底孔取代坝体留缺口的措施,导流底孔多而且孔径大已成为发展趋势。导流底孔布设在明渠坝段或是河床坝段的居多。随着施工技术的发展,施工布置已是重力坝枢纽布置的重要组成部分。

(2)重力坝枢纽的布置

根据我国已建和在建的 10 座 100m 以上的高重力坝枢纽布置的形式来看,如果以泄洪和水电站厂房布置为中心,高重力坝枢纽布置可以归纳为以下的一些形式。

①坝后厂房,坝顶挑流泄洪式。例如,新安江、乌江渡、澜沧江漫滩水电站等均为这种布置形式。其特点是采用坝顶溢流从坝后厂房泄洪或跨越厂房挑流泄洪。这种枢纽布置非常紧凑,整体安全性能好,工程量小,建设周期短,经济效益显著。

②岸边坝后厂房,河床泄洪式。例如,汉江安康、红水河岩滩、黄河万家寨等水电站均采用这种布置形式。枢纽中的坝后厂房在河床一侧岸边,河床及另一侧为泄洪坝段,进行泄洪排沙。其特点是枢纽布置紧凑,结构不复杂,施工较简便,造价低,建设周期短,技术经济指标优越。特别是在泄洪、排沙建筑物布置中选用了表、中、底孔相结合的布置形式,并能较好地对机组进水口前进行"门前清"排沙。

③坝后(地下)混合式厂房,岸边溢洪道及深孔泄洪式。例如,黄河刘家峡水电站在峡谷河床布置坝后(地下)混合式厂房,而泄洪、排沙建筑物则分散布置,右岸垭口布置溢洪道,左岸布置深式隧洞,与坝内底孔一起用于泄洪和排沙。

④河床坝后厂房,两岸河床泄洪式。例如,宝珠寺水电站厂房占据河床中部,左、右两岸布置表、中孔泄洪,底孔分设在电站厂房两侧。

除以上四种外,还有两岸坝后电站厂房,河床泄洪的布置形式,例如,长江三峡工程,还有河床泄洪、地下式厂房,如澜沧江大朝山水电站等。

2. 拱坝枢纽

(1)拱坝枢纽布置的一般原则和要求

①拱坝的布置与拱坝的体形选择是相互关联的,是拱坝布置的重要内容。我们应不断调整拱坝外形尺寸,使其在满足坝体应力、拱座稳定的条件下,体形最优,以达到工程量最小、造价最低的目的。

②由于坝身泄洪可节约投资且运行管理方便,故除有明显合适的岸边泄洪通道外,宜先考虑采用坝身泄洪的可能性。当选择采用薄拱坝时,可采用坝身泄洪方式;当坝不太高、泄洪单宽流量不大时,可采用坝顶泄流式;当采用厚拱坝时,可采用坝面泄流式;当采用双曲拱坝、泄洪量又较

大时,可采用滑雪道式或厂房顶溢流、挑越厂房式;当采用双曲拱坝或坝体较薄而泄洪量又很大时,可采用几种坝身泄洪方式或与其他泄洪建筑物相配合的联合泄洪方式。

采用坝身泄洪布置时,其下泄水流与坝脚应保持足够的安全距离,而且应重视泄洪水流及泄洪雾化对两岸山体稳定、交通和其他建筑物运行安全的影响、坝身泄洪孔口的位置、数量、尺寸的选定应根据泄洪量和水头大小、对坝体应力及下游冲刷的影响与后果、枢纽运行要求以及对相邻建筑物的影响等方面研究确定。

③对与拱坝相邻的其他建筑物布置,如航运、取水、过木等建筑物,其布置原则与重力坝相似,但应注意研究其对拱坝应力及拱座稳定的影响。

④施工布置是高拱坝枢纽的重要组成部分,目前广泛采用大直径底孔导流,当坝身设导流底孔时,应研究其对拱坝布置的影响。

(2)拱坝枢纽的布置形式

如果以泄洪和水电站厂房布置为中心,拱坝枢纽可归纳为如下形式。

①拱坝坝身泄洪,坝后式水电站。例如,龙羊峡、东江、紧水滩、李家峡等水电站均采用这种布置。其特点是电站均紧靠坝后,由于河床狭窄,厂房占据整个河床,故泄洪建筑物均布设在厂房左右两侧。由于泄洪量较大,这些高坝多采用以坝内表、中、底孔组合泄洪为主,辅以岸边溢洪道,并采用滑雪道或岸边长泄槽挑流。这类枢纽布置紧凑,总体工程量相对较小,建设速度快,在国内高拱坝枢纽布置中得到较普遍的应用。缺点是施工中干扰较多。

②拱坝坝体泄洪,地下式水电站。例如,白山、东风、二滩等水电站均采用这种布置。其特点是:将拱坝和电站厂房、引水管道系统分开,相互干扰少,有利于招投标的分标,建设周期短,经济效益好。

此外,还有拱坝坝体泄洪、坝内厂房的布置形式,如凤滩水电站;还有拱坝坝体泄洪、岸边引水式厂房的布置形式,如隔河岩水电站等。以上四种布置形式,均采用坝体泄洪,仅是水电站布置形式不同。

二、引水枢纽布置

(一)引水枢纽的作用和类型

通常所称的引水枢纽(取水枢纽)是指从河流或水库取水的水利枢纽,其作用是获取符合水量及水质要求的河水,以满足灌溉、发电、工业及生活用水的要求,并要求防止粗颗粒泥沙进入渠道,以免引起渠道的淤积和对水轮机或水泵叶片的磨损,保证渠道及水电站正常运行。因引水枢纽位于渠道首部,所以又称为渠首枢纽。

引水枢纽根据是否具有拦河建筑物可分为无坝引水枢纽和有坝引水枢纽两大类。

1.无坝引水枢纽

当河道枯水时期的水位和流量能满足引水要求时,不必在河床上修建拦河建筑物,只需在河流的适当地点开渠,并修建必要的建筑物自流引水,这种引水枢纽称为无坝引水枢纽。其优点是工程简单、投资少、施工比较容易、工期短、收效快,并且对河床演变的影响较小。缺点是不能控制河道水位和流量,枯水期引水保证率低。在多泥沙河流上引水时,如果布置不合理还可能引入大量泥沙,造成渠道淤积,不能正常工作。

2.有坝引水枢纽

当河道枯水时期的水位和流量都能满足引水要求,但河道水位较低不能自流引水时,需修建壅水坝(或拦河闸)抬高水位以满足自流引水的要求,这种具有壅水坝的引水枢纽,称为有坝引水枢纽。不过在有些情况下,虽然水位和流量均可满足引水要求,但为了达到某种目的,也要采用有坝取水的方式。例如,采用无坝取水方式需开挖很长的水渠,工程量大、造价高时;在通航河道上引水量大而影响正常航运时;河道含沙量大,要求有一定的水头冲洗取水口前淤积的泥沙时。有坝引水枢纽的优点是工作可靠,引水保证率高,便于引水防沙和综合利用,故应用较广。但相对无坝引水枢纽来说,工程复杂,投资较多,拦河建筑物破坏了天然河道的自然状态,改变了水流、泥沙的运动规律,尤其是在多泥沙河流上,如果布置不合理,会引起渠首附近上下游河道的变形,影响渠首的正常运行。

(二)引水枢纽的工作特点

1. 无坝引水枢纽的工作特点

(1)受河道水位涨落的影响较大

无坝引水枢纽因没有拦河建筑物,不能控制河道水位和流量。在枯水期,由于天然河道中水位低,可能引不进所需的流量,引水保证率较低。而在汛期,河道中水位高,含沙量也大。因此,渠首的布置不仅要能适应河水涨落的变化,而且必须采取有效的防沙措施。

(2)河床变迁的影响较大

若引水口处河床不稳定,就会引起主流摆动。一旦主流脱离引水口,就会导致水流不畅,加之常受河水涨落、泥沙淤积等影响,可能还会使引水口被淤塞而失效。例如,黄河人民胜利渠渠首,由于河床变迁,进水闸前出现大片沙滩,引水十分困难;郑州市东风渠的渠首工程,因受黄河河床变迁的影响,引水口被淤而不能引水。所以,在不稳定河流上引水时,引水口应选在靠近河道主流的地方,并随时观察河势变化,必要时加以整治,防止河床变迁。

(3)水流转弯的影响

如在河道直段侧面引水,由于岸边引水口前水流转弯,从而形成侧面引水环流,使表层水流和底层水流分离。而且,进入渠道的底层水流宽度远大于表层水流,从而使大量推移质随着底流进入渠道。当引水比(引水流量与河道流量的比值)达50%时,河道的底沙几乎全部进入渠道。因此,应采取必要的防沙措施,改变流态,减小底流宽度或将底流导离引水口,以减少推移质入渠。

(4)渠首运行管理的影响

渠首运行管理的好坏,对防止泥沙入渠也有很大的关系。河流的泥沙高峰在洪水期,如果这时能关闸不引水,或少引水,避开泥沙高峰,就能有效地防止泥沙进入渠道造成淤积。

2.有坝引水枢纽的工作特点

(1)对上游河床的影响

当渠首投入运用后,上游水位被壅水坝抬高,坝前流速较低。因此,大量泥沙沉积在坝前,沉积的速度也很快,在1～2年内,甚至一次洪水即可将坝前淤满,山区河流中,由于水中挟带的泥沙为砾石及大块石,因此坝前淤积往往高出坝顶。例如,陕西石头河的梅惠渠,坝前淤积高出坝顶2.0 m,壅水坝淤平后,即失去控制水流的作用,进水闸处于无坝引水状态。另外,当河道主流摆动后,上游河床常形成一些岔道,使得引水口附近不能保持稳定的深槽,从而影响渠首的正常工作。

(2)对下游河床的影响

在渠首运行初期,壅水坝下泄的水流较清,具有很大的冲刷力,促使下游河床冲刷。当坝前淤平后,下泄水流的含沙量增大,又使下游河床逐渐淤积,严重时可将壅水坝埋于泥沙中。例如,陕西省织女渠渠道的壅水坝,其坝体大部分已被埋在沙内。

根据上述情况,小但要使建筑物布置合理、尺寸和高程选择恰当,而且要考虑渠道上、下游河床的再造情况,进行必要的河道整治。

(三)引水枢纽布置的一般要求

引水枢纽是整个渠系的咽喉,它的布置是否合理,对发挥工程效益影响极大。除枢纽的各个建筑物应满足一股水工建筑物的要求外,引水枢纽的布置还应满足以下要求。

(1)任何时期,都应根据引水要求不间断地供水。

(2)多泥沙河流上,应采取有效的防沙措施,防止泥沙入渠。

(3)坿于综合利用的渠首,应保证各建筑物正常工作互相不干扰。

(4)应采取措施防止冰凌等漂浮物进入渠道。

(5)枢纽附近的河道应进行必要的整治,使主流靠近引水口,以保证引取所需水量。

(6)枢纽布置应便于管理,易于采用现代化管理设施。

(四)无坝引水枢纽的布置

1.无坝引水枢纽的位置选择

无坝引水枢纽没有拦河建筑物,不能控制河道水位和流量,所以渠首位置的选择,对于提高引水保证率、减少泥沙入渠起着决定性作用。在选择位置时,除满足渠首位置选择的一般原则外,还必须详细了解河岸的地形、地质情况,河道洪水特性,含沙量及河床演变规律等,并根据以下原则,确定合理的位置。

(1)根据河流弯道的水流特性,无坝渠首应设在河岸坚固、河流弯道的凹岸,以引取表层较清水流,防止泥沙入渠。因此,取水口不应设在弯道的上半部,因为该处的横向环流还没有充分形成,河流中的泥沙还来不及带到凸岸。所以,取水口应设在弯道顶点以下水深最大、单宽流量最大、环流作用最强的地方。

(2)在有分汊的河段上,一般不将取水口布置在汊道上。由于分汊河段上主流不稳定,常发生交替变化,导致汊道淤塞而引水较困难。若由于具体位置的限制,只能在汊道上设取进水口,则应选择比较稳定的汊道,并对河道进行整治,将主汊控制在该汊道上。

(3)无坝渠首也不宜设在河流的直段上。因从河道直段的侧面引水,河道主流在取水口处流向下游,只有岸边的水流进入取水口,所以进水量相对较小且不均匀。此外,由于水流转弯,引起横向环流,使河道的推移质大量进入渠道。

2.无坝引水枢纽的布置形式

无坝引水枢纽的水工建筑物有进水闸、冲沙闸、沉沙池及上下游整治建筑物等。当有航运、漂木和渔业等要求时,还应考虑设置船闸、筏道和鱼道等。无坝引水枢纽的布置形式,按取水口的数目可分为一首制和多首制两种,每种渠首的布置形式,根据河床和河岸的稳定情况、河流的水沙特性以及引水流量的多少而有所不同。

根据情况不同有三种布置形式,即位于弯道凹岸的渠首、引水渠式渠首和导流堤式渠首。

(1)位于弯道凹岸的渠首

当河床稳定、河岸土质坚硬时,可将渠首进水闸建在河流弯道的凹岸,利用弯道环流原理,引取表层较清水流,排走底沙。这种渠首由拦沙坎、进水闸及沉沙设施等部分组成。进水闸的作用主要是控制入渠流量。拦沙坎和沉沙池的作用都是防沙。但拦沙坎是用来加强天然河道环流,阻挡河道底部泥沙入渠并使河道底沙顺利排走的。沉沙池是用来沉淀进入渠道的推移质及悬移质中颗粒较粗的泥沙的。

进水闸一般布置在引水口处,在保证工程安全的前提下,应尽量减少引水渠的长度,这样既可减少水头损失,又可减轻引水渠的清淤工作。取水口两侧的土堤,一般用平缓的弧线与河堤相连,使取水口成为喇叭口形状。尤其是取水口的上唇应做成平缓的曲线,以使入渠水流平顺,减少水头损失,并减轻对取水口附近水流的扰动,对防止推移质泥沙随水流进入取水口很有好处。

(2)引水渠式渠首

当河岸土质较差易受水流冲刷而变形时,可将进水闸设在距河岸有一定距离的地方,使其不受河岸变形的影响。

取水口处设简易的拦沙设施,以防止泥沙入渠。在取水口和进水闸之间用引渠相连。引渠兼作沉沙渠,并在沉沙渠的末端,按正面引水、侧面排沙的原则布置进水闸和冲沙闸。冲沙闸用来冲洗沉沙渠内的泥沙,使泥沙重归河道。一般冲沙闸与引水渠水流方向的夹角为 30°~60°。冲沙闸底板高程比进水闸低 0.5~1.0m。在进水闸前也要设一道拦沙坎,以利导沙。为了冲洗引渠出口处的长度,以便利用水力冲洗淤积存引水渠中的泥沙。必要时,也可辅以人力或机械清淤。

这种渠首的主要缺点是引水渠沉积泥沙后,冲沙效率不高。为保证引水,常需要用人力或机械辅助清淤。为了减轻引水渠的淤积,一般应在引水渠的入口处修建简单的拦沙设施。

(3)导流堤式渠首

在山区河流坡降较陡、引水量较大及不稳定的河道上,为控制河道流量,保证引水防沙,一般采用导流堤式。该渠首由导流堤、进水闸及泄水冲沙闸等组成。导流堤的作用是束缩水流、抬高水位，以保证水流平顺入渠。进水闸的作用是控制入渠流量。泄水冲沙闸除宣泄部分洪水外，平时也可用来排沙。

进水闸与泄水冲沙闸的位置，一般按正面引水、侧面排沙的原则进行布置。进水闸与河道主流方向一致，泄水冲沙闸与水流方向一般做成接近 90°夹角，以加强环流，有利于排沙。当河水流量大、渠首引水量较小时，也可采用正面排沙、侧面引水的布置形式。这时泄水冲沙闸的方向和主流方向一致，进水闸的中心线与主流方向呈锐角，一般以 30°～40°为宜。这样布置可减轻洪水对进水闸的冲击，而冲沙闸又能有效地排除取水口前的泥沙。

为拦截泥沙，进水闸底板高程应高出引水段河床高程 0.5～1.0 m。泄水冲沙闸底板与该处河底齐平或略低，但比河道主槽要高，有利于泄水排沙。

导流堤的布置一般是从泄水闸向河流上游方向延伸，使其接近河道主流。导流堤的轴线与河道水流方向的夹角不宜过大，以免被洪水冲毁。但也不能太小，否则将使导流堤长度增加而增大工程量。一般取 10°～20°的夹角。导流堤的长度取决于引水量的多少，堤愈长引水量愈多。有时在枯水期，为了引取河道全部流量，甚至可使导流堤拦断全部河床，但在洪水来临前，必须拆除一部分，让出河床，以利泄洪。

（五）有坝引水枢纽的布置形式

当河道枯水时期的流量能满足引水要求，但河道水位较低，不能自流引水时，需修建拦河建筑物以抬高水位，满足自流引水的要求，这种引水枢纽称为有坝引水枢纽。有坝引水枢纽一般由拦河壅水建筑物（壅水坝或拦河闸）、进水闸、冲沙闸、防排沙设施及上下流河道整治措施等建筑物组成。拦河壅水建筑物的作用是抬高水位和宣泄河道多余的水量及汛期洪水，进水闸的作用是控制入渠流量，防排沙设施的作用是防止河流泥沙进入渠道。常用的防排沙设施有沉沙槽、冲沙闸、冲沙廊道、冲沙底孔及沉沙池等。

由于河道水流特性、地形、地质条件千差万别，各建筑物对枢纽工程的形式选择和布置起着决定性作用。一般情况下,是先根据基础资料拟订几个不同的布置方案,进行技术经济比较后确定。下面介绍常用的几种有坝引水枢纽的布置。

1.沉沙槽式渠首

这种渠首按侧面引水、正面排沙的原则进行布置,由南壅水坝、冲沙闸、冲沙槽、导水墙及进水闸等组成。因其最先建于印度,又称为印度式渠首。

由于沉沙槽式渠首的布置和结构简单,施工容易,造价较低,故在我国西北、华北等地区得到广泛应用。

2.人工弯道式渠首

人工弯道式渠首是将弯曲河段整治为有规则的人工弯道,利用弯道环流原理,在弯道末端按正面引水、侧面排沙的原则布置进水闸和冲沙闸,以引取表层清水,排走底层泥沙,以达到引水排沙的目的。该渠首由人工弯道、进水闸、冲沙闸、泄洪闸以及下游排沙道等组成。

3.底栏栅式渠首

存山溪河道上,河床坡度较陡,水流中挟带有大量的卵石、砾石及粗沙,为防止大量泥沙入渠,常采用底栏栅式渠首。

这种渠首的主要建筑物有底栏栅坝、溢流堰、泄洪冲沙闸、导沙坎及上下游导流堤等。

4.底部冲沙廊道式渠首

南于河道中水流泥沙沿深度分层的特点,将水流垂直地划分为表层及底层两部分,进水闸引取表层较清水流,而含沙量较高的底层水流则经过冲沙廊道或泄洪排沙闸排到下游。分层引水的渠首布置常采用底部冲沙廊道式渠首。由于廊道冲沙所需水量较少,常用于缺少冲沙流量的河流。当冲沙廊道用于宣泄部分洪水时,则需水量较多。这种枢纽要求坝前水位能形成较大的水头,使水流在廊道内产生 4~6 m/s 的冲沙流速。

5.两岸引水式渠首

当河道两岸都需要引水时,常在拦河(溢流)坝两端分别建造沉沙槽式取水口,以满足两岸引水要求。实践证明,这种渠首常有一岸取水口被泥沙堵塞。因此,通常采用在一岸集中引水,然后用坝内输水管道向对岸输水,或用跨河渡槽或在河床内埋没涵管向对岸输水。

这种从一岸取水并向对岸输水的方式,虽然结构复杂,但运用情况良好,不仅有利于水量调配,而且便于管理。

6.少泥沙河流上综合利用的有坝渠首布置

在我国南方山区及平原地区河道上,多修建综合利用的引水枢纽工程,以满足灌溉、航运、筏运、发电和渔业的要求。因此,这类枢纽建筑物的组成,除进水闸和溢流坝外,根据用途的不同,还要修建一种或几种专门建筑物。

第三节 过坝建筑物

一、通航建筑物

水利枢纽中的通航建筑物有船闸和升船机两种。船闸是利用水的浮力将船舶运送过坝,通行能力大,应用广,适用于过坝货运量大和过坝船舶尺寸较大,地形较平缓的情况。升船机是应用机械力将船舶提升过坝,耗水量小,一次提升高度大,适用于过坝货运量小及船舶尺寸小,上下游水位差较大,但水位变幅较小的情况。

(一)船闸

1.船闸整体布置

船闸在枢纽中的布置应满足枢纽总体规划要求。在平面上,船闸纵轴线一般与坝轴线垂直,并将闸室布置于坝体下游;船闸宜临岸布置,不宜设置在溢水坝、泄水闸、电站等过水建筑物之间,与过水建筑物相邻时,必须设置足够长度的分水墙;上下游引航道口门区应尽量布置在不易淤积的部位,使引航道与主航道平顺连接。

2.船闸的组成及其作用

船闸由闸室、闸首和引航道三个基本部分组成。位于上游端的闸首和引航道称为上闸首和上游引航道;位于下游端的闸首称为下闸首和下游引航道。

（1）闸首

闸首的作用是将闸室与上下游引航道分开，使闸室内维持与上游或下游齐平的水位，以便将船浮送过坝。闸首口门处设有工作闸门和检修闸门，两侧边墩或底板上设有船闸输水系统，闸首顶部设置闸门启闭设备、船闸操纵管理设施、信号标志、照明等辅助设施及交通桥、机房等。

（2）闸室

闸室位于船闸上下闸首之间，用以停泊过闸船舶。由输水系统向闸室内灌水或者泄水时，闸室内的船舶将随水面的升降达到与上游水位或者下游水位相适应的高程，从而进入上游河道或者进入下游河道，实现过坝。

（3）上下游引航道

引航道是连接闸首与主河道或水库的一段航道，其作用是保证船舶安全顺利地进出船闸或停泊等待过闸。若过闸船舶不均衡，等待过闸的船舶超过引航道允许停泊容量，或进出闸船舶需要重新编队且引航道内不能满足其要求时，还需在引航道外布置编队区，以将不同类型的船舶分开布置过闸。

3. 船舶过闸程序

当上行船舶过闸时，开启下游输水系统使闸室水位泄至与下游水位齐平，打开下闸首闸门，船舶驶入闸室，随即关闭下闸首闸门，然后开启上游输水系统向闸室内灌水至与上游水位齐平，打开上闸首闸门，船舶驶出闸室。这时如果有下行船舶等待过闸，待上行船舶全部驶出后即可驶入闸室，随即关闭上闸首闸门，再由下游输水系统泄水至与下游水位齐平时，打开下闸首闸门，船舶驶出闸室。上述程序运作时，一般由设在闸首边墩上的中心控制室集中管理，由电气闭塞装置远距离操纵工作闸门和输水阀门，令其启闭。

4. 船闸类型

（1）按船闸纵向梯级级数划分，船闸可分为单级船闸和多级船闸

单级船闸只有一个闸室，其优点是过闸时间短，船舶周转快，通过能

力大,便于建筑物和设备的集中管理,适用于水头不大于20m、岩基上不大于30m的情况。当水头较高时,若仍采用单级船闸,则过闸用水量大,向闸室灌泄水时,水流流速大,不利于船舶停泊,恶化输水系统的工作条件,还会使闸首、闸室和闸门的结构复杂化,这时宜将水头沿船闸纵轴线方向分为若干梯级修成多级船闸。我国三峡水利枢纽采用双线五级船闸,总水头110余米。多级船闸沿纵轴线方向有多个闸室,其水级划分应尽量使各级船闸结构统一,以便制造、安装和管理。

(2)按枢纽中并列的闸室数目不同,船闸可分为单线船闸和多线船闸

前者是在一个水利枢纽中只修建一座船闸,即只有一条通航线路,实际工程中大多如此。但当通过枢纽的货运量较大,单线船闸不能满足需求,或者航道特别重要,不允许船闸因检修而停航时,则需修建双线或者多线船闸。我国长江上的三峡和葛洲坝水利枢纽均采用了双线船闸。对于双线船闸,两者闸室可以并列,共用一个隔墙,利用一方泄水为另一方灌水,节省闸室工程量和过闸耗水量。

(3)按闸室结构形式不同,船闸可分为广厢式船闸、具有中间闸首的船闸、井式船闸和省水船闸等

①广厢式船闸。闸首口门宽度小于闸室宽度,这样闸门尺寸可小些,启闭机容量较小,节省造价。但船舶进出闸室需要横向移动,操作复杂,过闸时间延长,多用于以通过小型船舶为主的小型船闸。广厢式船闸有对称式和反对称式两种形式。

②具有中间闸首的船闸。它是在上下闸首之间的闸室中增设一个中间闸首,将闸室分为两个部分。当过闸船舶较少时,只用上、中闸首和前闸室,而后闸室作为下游引航道的一部分,可节省过闸用水量和过闸时间;当过闸船舶较多时,应用上、下闸首,中间闸首不用,将前后闸室作为一个闸室使用。这种形式的船闸适用于过闸船舶的数目在年内分配不均的情况。

③井式船闸。它是在下闸首工作闸门顶以上建胸墙,以挡上部水,胸墙下留有过闸船舶所需的净空高度。闸门宜采用平面直升式。这种形式的船闸多用于水头较高且地基较好的单级船闸。

④省水船闸。它是在闸室的一侧或两侧设蓄水池,蓄水池和闸室用输水廊道连通,闸室泄水时,闸室中的部分水量逐级泄入各个蓄水池暂存,待闸室灌水时,又将其灌入闸室重新利用,从而节省过闸用水量。蓄水池数目越多,面积越大,可节省的水量也越多。为使水流在闸室与蓄水池之间都能自流,闸室水面与相应级蓄水池水面之间,应有一定高差。这种形式的船闸多用于水源不足,过闸耗水量受到限制的情况,尤其是在需要抽水补水的运河越岭河段上。

5.船闸的基本尺寸、结构形式和布置

(1)闸室

闸室的基本尺寸包括闸室有效长度、有效宽度和船闸门槛处水深。

①闸室有效长度 L_x。L_x 是指闸室内可供船舶安全停泊的长度,根据设计船舶的尺寸可按下式确定

$$L_x = L_e + L_f \quad (1-5)$$

式中:L_e 为船舶计算长度,m,等于同闸次各设计船舶长度之和加船舶间的停泊间隔长度;L_f 为富裕长度(m),对于拖带船队,$L_f \geq 2m + 0.03L_e$,对于顶推船队,$L_e \geq 2m + 0.06L_e$,对于非机动船,$L_f \geq 2m$。

对于分散式长廊道输水系统,L 为上闸首门龛或上闸首帷墙的下游边缘至下闸首门龛的上游边缘或防撞设备的上游面之间的距离;对集中式头部输水系统,上游侧应从灌水时镇静段末端算起,镇静段长度一般取 $6 \sim 12m$。

②闸室有效宽度 B_x。B_x 是指闸室内可供船舶安全停泊的宽度,可根据设计船队的编队方式按下式计算

$$B_x = \Sigma b_e + b_f \quad (1-6)$$

式中:Σb_e 为同闸次过闸船舶并列停泊的最大总宽度(m);b_f 为富裕宽度(m),$b_f = \Delta b + 0.025(n-1)b_e$,$b_e$ 为设计最大船舶的宽度;n 为过闸时停泊在闸室内船舶的列数;Δb 为附加值,当 $b_e \leq 7m$ 时,$\Delta b \geq 1.0m$,当 $b_e > 7m$ 时,$\Delta b \geq 1.2m$。

应为闸室边墙内侧最突出部分之间的距离,B_x 值在满足式(1-6)的条件下可取 8、12、16、23、34 等值。

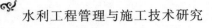

③船闸门槛处水深 H。H 是指设计最低通航水位时,闸门槛最高点处的水深,应满足下式要求

$$H \geqslant 1.6T(1-7)$$

式中:T 为设计最大船队满载时的吃水深度(m)。

④闸室结构形式。闸室一般采用直立式的,由侧墙和底板构成,两侧闸室墙面垂直或接近垂直,闸室横断面基本呈矩形。按底板与两侧闸室墙连接方式的不同,闸室有整体式和分离式两种形式。前者通常采用钢筋混凝土坞式和悬臂式结构,闸室底板与闸室墙刚性连接为一体,在闸室底板中间设分缝和止水。为了增大闸室过水断面,改善船舶的泊稳条件,闸室底板厚度可由闸墙处向闸室中央处逐渐减薄。这种结构形式适用于闸室墙高度与闸室宽度比值较大(尤其超过 0.6)的情况。后者闸室墙与底板分开设置,常用的闸室墙,在基岩上有重力式、衬砌式和混合式几种;在土基上有重力式、衡重式、悬臂式、扶壁式等。分离式底板一般采用透水形式,常用的有衬砌石底板(厚 0.25~0.4m)和设有排水孔的预制混凝土块底板(厚 0.15~0.3m),下设反滤层,底板下每隔一定距离设横撑,以利于固定反滤层和帮助闸室墙维持抗滑稳定。

(2)闸首

①闸首段长度。闸首沿纵向主要由门前段、门龛段和门后支持墙段三部分组成。门前段长度主要取决于检修闸门尺寸、门槽构造及检修要求,门龛段长度主要根据工作闸门的形式与尺寸确定,门后支持墙段长度主要取决于输水廊道布置、结构稳定及强度要求。

②闸首结构形式。闸首横断面由边墩和底板组成,也有整体式和分离式两种形式。前者边墩和底板刚性连接在一起,多建于土基、较差或具有软弱夹层的基岩上;后者在边墩和底板之间设缝,适用于建在较好的岩基上。边墩一般采用重力式、空箱式等,岩基上也町采用衬砌式。边墩厚度与门龛深度、输水廊道宽度、廊道转弯处弯曲半径、阀门尺寸及顶部启闭机布置等有关。对短廊道输水系统,边墩底部厚度应不小于输水廊道宽的 3 倍,门槽段最薄断面处也应不小于 2.5 倍廊道宽度。边墩顶部宽度取决于启闭机械布置和交通要求。闸首总宽度等于闸首口门宽度和两

侧边墩厚度之和。

（3）引航道

①引航道平面布置形式。引航道的平面布置形式一般应考虑船闸级别、线数、设计船型与船队、通过能力、地形、地质、水流、泥沙、上下游引航道情况等因素确定,常见的有反对称型、对称型和不对称型。

②引航道长度。引航道一般由直线段和过渡段组成。直线段应布置成与船闸纵轴线平行,具体又由导航段、调顺段、停泊段三段组成。

a. 导航段长度 l_1 应满足

$$l_1 \geqslant L_e \quad (1-8)$$

式中: L_e 为对顶推船队为全船队长,对拖带船队或单船,为其中的最大船长（m）。

b. 调顺段长度 l_2 应满足

$$l_2 \geqslant (1.5 \sim 2.0)L_e \quad (1-9)$$

c. 停泊段长度 l_3 应满足

$$l_3 \geqslant L_e \quad (1-10)$$

d. 过渡段。当引航段宽度与航道宽度不一致时,可用渐变方法过渡、其过渡段长度为

$$l_4 \geqslant 10\Delta B \quad (1-11)$$

式中:为引航道直线段宽度航道宽度之差（m）。当过渡段与制动段合用时,过渡段长度 l_4 还应满足船队制动的需要。从闸首口门至引航道最宽处一般也采用渐变方法连接。

③引航道宽度。引航道宽度应满足设计最大船队有航行偏差时错船所需的宽度,单线船闸引航道宽度 B_0 应满足下式要求

$$B_0 \geqslant b_c - b_{c1} + b_{c2} + 2\Delta b \quad (1-12)$$

式中: B_0 为设计最低通航水位时,设计最大船队满载吃水船底处的引航道宽度（m）; b_c 为设计最大船队的宽度（m）; b_{c1}、 b_{c2} 为引航道内左右两侧等候过闸的船队的各自总宽度（m）; Δb 为富裕宽度（m）,对于并列船队之间的富裕宽度,可取 $\Delta b = b_c$,船队与岸之间的富裕宽度,可取 $\Delta b = 0.5b_c$ 。

若引航道内只有一侧停靠等候过闸的船队时, $b_{c2} = 0.2\Delta b = 1.5b_c$ 。

双线船闸的引航道宽度可参考相关规范。

④引航道内最小水深 H_0 应满足

$$H_0 \geq (1.4 \sim 1.5)T(1-13)$$

式中：T 为设计最大船队满载时的吃水深度(m)。

对Ⅰ、Ⅱ级船闸，应满足 $H_0 \geq 1.5T$。

引航道横断面一般为梯形，边坡根据土质情况确定，通常取 1：2～1：3。

6. 船队过闸时间、船闸通过能力与耗水量

(1)船队过闸时间

船队过闸时间与船闸级数及过闸方式等有关，对单级船闸，单向与双向过闸时间可按如下计算：

①单向过闸一次所需时间 T_1 为

$$T_1 = 4t_1 + t_2 + 2t_3 + t_4 + 2t_5(1-14)$$

式中：t_1 为开闭闸门的时间；t_2、t_4 为船队单向进闸和出闸的时间；t_3 为闸室灌泄水时间；t_5 为船队进出闸间隔时间，一般采用 3～10min。

②双向过闸一次所需时间 T_2 为

$$T_2 = 4t_1 + t_2 + 2t_3 + t_4 + 2t_5(1-15)$$

式中：t_2、t_4 为双向过闸时，船队进闸和出闸的时间。双向过闸时，在 T2 内完成了两个船队过闸，因此每个船队需要的过闸时间为，$T_2/2$。

由上可知，双向过闸能更省时间，但实际上，上行与下行船队在时间上难以保证其均衡性，因此确定船队过闸时间时，常采用单向与双向过闸时间的平均值。对多级船闸，还应计入换向时间。

(2)船闸通过能力

船闸通过能力是指在正常运用条件下，船闸一年内可通过的货物吨位数是表征建筑物规模的主要指标。

①船闸理论通过能力 p_1(kN)可按下式计算

$$p_1 = NnG(1-16)$$

$$n = 60\tau/T(1-17)$$

式中：N 为年通航天数(d)；n 为日平均过闸次数；G 为一次过闸货物平均吨位(kN)；T 为船队一次过闸时间(min)。

②船闸实际通过能力 p_2(kN)。考虑过闸船舶不一定完全是载货船，还有客船、工作船、服务船等；船闸载货船队不可能完全满载；货流受季节性货源及运输组织方面因素等影响，月、日货运量不一定均衡；因检修、清淤、洪枯水及气象水文影响而暂时停航等因素，船闸实际通过能力 p_2(kN)应为

$$p_2 = \alpha N(n - n_0)G/\beta \qquad (1-18)$$

式中：α 为因货物非满载引入的船舶装载系数，可取 0.5～0.8；n_0 为非货船日过闸次数；β 为货运量不均衡系数，一般取 1.3～1.5。

通常，p_2 为 p_1 的 20%～50%。

（3）船闸耗水量

船闸耗水量是指船队通过船闸时需耗用而泄放的水量，包括过闸用水量和闸门、阀门漏水量两部分，船闸日平均耗水量 Q(m^3/s)可按下式计算

$$Q = V_n/86400 + q \qquad (1-19)$$

式中：n 为船闸日平均过闸次数；V 为船队一次过闸用水量，对直立式闸室墙的单级船闸，一次单向过闸用水量为力 $\Omega H = (1.15 \sim 1.20)L_x B_x H$，$\Omega$ 为船闸上、下闸门之间的水平截面面积，H 为船闸上、下游水位差，对双向过闸，每次过闸耗水量按 V/2 计算；q 为闸门、阀门漏水量。

7. 船闸结构缝布置

船闸在各部分结构物之间，结构长度太大处或工作条件、外形、重量有较大差别处，均应设沉降缝，温度缝一般与沉降缝结合布置，间距为 10～25m，并应尽量采用相同的分段长度。

8. 船闸的防渗与排水布置

（1）防渗布置

采用透水底板的闸首和闸室，防渗所需的地下廊道长度是一空间问题，宜由渗流试验确定。在一般工程中，可将渗流计算简化为平面问题，近似采用流网法、改进的阻力系数法或直线法等计算，渗径不足时需采用防渗措施。船闸的防渗布置通常为：上闸首上游面按枢纽统一的防渗要

求设计;闸室和下闸首的防渗措施,在软基上,一般采用铺盖、底板、齿墙或截水墙,防渗线一般布置在底部近闸室的前沿,并与上闸首的防渗设施相连,构成整体防渗系统。

(2)排水布置

对于水库蓄水位以下的闸墙墙后填土,应设置排水明沟或暗管;对于衬砌式闸室,在闸墙的底部及背部与岩石的接触面上,以及闸墙的分缝处,应分别布置竖向及水平向排水管,管径不小于 0.25～0.3m;对单级船闸,排水设施可布置在下游最高水位以上 1～1.5m 处,对多级船闸,各中间闸室排水设施的设置高程应稍高于下一级闸室的高水位,排水设施向下游倾斜的坡度为 1/500～1/200。排水暗管周围应设置反滤层,并应能便于检查与维修。

(二)升船机

1.升船机的组成及其作用

升船机是用机械力将船舶运送过坝的一种通航建筑物。它的基本组成包括:①承船厢,用以装载船舶,其上下游端分别设有厢头门,以便过船;②支承及导向结构,用以悬吊或支承承船厢,并对其起降起导向作用;③驱动机构,用以驱动承船厢升降和启闭承船厢厢头门;④上、下游闸首,用于将承船厢和支承导向结构与上下游引航道隔开,以使其在干处运行;⑤电气控制系统和事故装置,用于操纵升船机运行与发生事故时制动或固定承船厢。

2.升船机的运行过程

船舶借助升船机过坝的运行程序:①由控制系统启动驱动机构,使承船厢停靠在厢内水面与下游水位齐平的位置;②将承船厢与闸首拉紧,密封并向缝隙内充水;③打开承船厢下游厢头门和下闸首工作闸门,船舶驶入承船厢;④关闭下游厢头门和下闸首工作闸门,泄去缝隙水,松开拉紧密封装置;⑤将承船厢升至厢内水面与上游水位齐平位置;⑥开启承船厢上游厢头门和上闸首工作闸门,船舶驶出承船厢进入上游引航道,即完成过坝。船舶下行时,则按上述程序反向进行。

3.升船机的类型

(1)按船舶在承船厢内的支托方式

升船机可分为湿运和干运两种类型。湿运是承船厢内盛水,船舶浮在承船厢内;干运是承船厢内不盛水,将船舶停放在承船厢内设有弹性支承的承台上。干运时船舶易受损,故很少采用。

(2)按承船厢运行路线的不同

升船机可分为垂直升船机和斜面升船机两大类。前者过船速度快,通过能力大,适用于水位差和运船量较大的情况,但需修建高空支架,设备安装要求精度高,管理维护较复杂;而后者不需设高空支架,也没有其相应的复杂技术问题,管理维护也方便,只要延长斜坡道即可适应施工期和运行期的各种水位,可解决施工通航问题,但当提升高度大时,通过能力受影响,当承船厢启动制动时,会影响船舶在承船厢内停泊的平稳。

二、过木建筑物

在有木材运送任务的河道上修建水利枢纽,需要修建过木建筑物,以从坝上游向下游输送木材。在水利枢纽中,过木建筑物最好靠近河岸布置,并与船闸、水电站进口等保持一定距离,以免互相影响。下游出口与河道主流方向夹角不宜过大,以便水流顺直,木材顺河下漂。过木建筑物常用的有筏道、漂木道和过木机。筏道与过木机适于排运(将木、竹材编成排运送),前者适于中、低水头且库水位变幅不大的情况,后者近年来多用于大、中型水利枢纽;漂木道适于散漂单根木材。

(一)筏道

筏道是用水流浮送木、竹排过坝的陡槽,一般由进口段、槽身段、出口段、进出口导漂设施组成。

1.进口段

进口段根据库水位变幅大小常采用固定式进口和活动式进口两种形式。

(1)当库水位变幅小于 2m 时,多采用固定式进口。进口处设置梁式闸门,以叠梁调节进口水深,仅泄放表层水流浮排过坝。另一种固定式进口类似于船闸,进口段布置上、下两道闸门形成一闸室,闸底板为斜坡式。过排时,先对闸室充水至与库水位齐平,开启上闸门,引排入室,关闭上闸门,逐渐开启下闸门,将闸室中水放空,使排落于斜底板上,然后稍开启上闸门,木排即随水流流向下游。这种形式进口结构简单,耗水量较小,但通过能力低,木排与槽底易产生摩擦或碰撞。

(2)当库水位变幅大于2m时,常采用活动式进口。进口设置梁闸门或扇形闸门加活动阀槽,扇形闸门及活动阀槽可绕支臂一端的铰轴转动,以随库水位变化调节门顶水层厚度,用最小水量冲筏过坝。其优点是通过能力大,一般2~4min可过排一次,但耗水量大。

2.槽身段

槽身段由底板和侧墙组成,常为宽浅矩形断面混凝土或钢筋混凝土陡槽。槽宽取最大排宽加上富裕宽度,柔性排富裕度一般取0.3~0.5m,刚性排取1~2m。槽内过排水深取排的最大吃水深度加0.1~0.15m,一般取木排厚度的2/3,常用0.3~0.8m。水深过小不易浮送,过大不安全且耗水量大。槽底平均纵坡一般不陡于3‰~5‰。可采用全段等坡、由陡变缓的分段坡和分段跌坎等形式,槽内水流流速一般约为5m/s,最大可达7~8m/s。排速一般为水流断面平均流速的1.5~3倍。对高水头筏道,槽内常设加糙工,以降低流速,增加水深,或为加大坡度,缩短筏道长度,改善出口水面衔接等。加糙工是采用木材或混凝土制成条形、人字形或方格式结构装配或现浇于槽底及侧墙上。

3.出口段

出口段一般是按原有槽身坡度延长至下游最低过排水位以下1.5~2.5m。斜坡末端布置一水平段,最好使末端形成扩散式自由面流。若采用底流衔接。应尽量使消力池内水深接近临界水深,避免出现淹没式水跃,以保证木排漂送并被送出池外。为防止木排相互撞击或出现淹没式水跃,也可在池前用圆木做一托梁(也称汇木舌)。

(二)漂木道

漂木道是利用水流运送散漂原木过坝的一种斜式陡槽,其结构组成及在枢纽中的布置与筏道相似,多用于不通航的河流上,中低水头的水利枢纽中。漂木道由进口段、槽身段、出几段及上下游导漂设施组成。

1.进口段

根据散漂原木特点,进口在平面上常布置成喇叭状,两侧设有诱导漂子,有时还设加速装置(绞盘、推杆、滚筒等)诱导和迫使原木顺利进入漂木道,以防止原木滞塞,提供通过能力,但进口流速一般不宜大于 1m/s。为节省用水,过木时应只引用漂有原木的表层水流。因此当库水位变幅较大时,漂木道常采用活动式进口,常用形式有扇形闸门进口、下沉式弧形闸门进口和下降式平面闸门进口。

2.槽身段

槽身段是一顺直的混凝土或钢筋混凝土陡槽,断面形式有矩形、梯形、V 形几种,槽内净宽按 $B=nd+\delta$ 设计(n 为并列通过的原木列数,一般 n≤2,d 为原木直径,δ 为裕度尺寸,常取 0.1～0.2m)。槽内水深可按 $H=Zd+\delta$(Z 为木材沉没系数,常取 0.75～0.85)确定。槽身底坡一般不陡于 10%,若槽底设加糙工可适当加大些。底坡可采用全段等坡或上陡下缓的分段边坡形式。槽内流速一般控制在 6～7m/s,以不损伤木材和槽身结构为限。

3.出口段

出口段宜选在河流顺直处的岸边,避开回流区。出口水流宜采用波状水跃或面流式衔接,避免产生淹没水跃,引起原木滞塞,妨碍其顺利下漂。

(三)过木机

过木机是一种运送木材过坝的专用机械设施。其优点是无需耗水,也不受水头限制。按机械设备的运行方式,过木机可分为往复式和连续式两大类。往复式又有垂直或斜面卷扬提升架式等,多用于木、竹排过坝。连续式按驱动方式的不同有绞式、缆索式、滚筒式及架空索道式等,可输送原木或排节过坝,其特点是运距较长,通过能力大。按木材轴向和运动方向一致或垂直可分成纵向和横向两种。

三、过鱼建筑物

水利枢纽建成后,对上游渔业发展提供了有利条件,但也阻隔了鱼类的洄游路线,使下游鱼类无法上溯繁殖,而上游繁殖的鱼类无法回溯到下游或回归大海。水利枢纽中的过鱼建筑物是沟通鱼类洄游路线的一项重要补救措施。其常用形式有鱼道、鱼闸、升鱼机、人工孵化场等。

(一)鱼道

鱼道是一种连通枢纽上下游的人工渠道或水槽,水流顺其自上游流向下游时,鱼则可在水槽中逆水而上或顺水而下,实现过坝,按结构形式不同,鱼道可分为池式鱼道和槽式鱼道两种类型。

1.池式鱼道

它是由一连串梯级水池组成,将枢纽上下游连通起来,水池间用短渠或低堰连接。相邻水池的水位差为 0.5~1.5m,池式鱼道一般绕岸开挖而成,其水流条件最接近天然河道,有利于鱼类通过。但它必须有适宜的地形地质条件,否则开挖量过大、不经济,故目前应用已较少。

2.槽式鱼道

槽式鱼道是一条人工斜坡式或阶梯式水槽。按槽内水流消能方式不同又有以下几种类型。

(1)简单槽式鱼道

它是不设消能设施的光面水槽,仅靠加大槽长和槽周粗糙率来消能。其底坡较缓,一般不陡于 5%。鱼道长度往往较大,适用于水头较小,且通过较强劲鱼类的枢纽,现在已很少采用。

(2)丹尼尔鱼道

它是一种人工加糙水槽。在槽壁和槽底上设置有间距很密的阻板和底坎,水流通过时能形成反向水柱冲击主流,从而降低流速,使坡度可以较陡。通常槽宽也较小,一般小于2m。过鱼速度快,较为经济,但水流流态较差,紊动剧烈,加糙工结构复杂,维修不便,也适用于水头较小,通过较强劲鱼类的情况。

(3)横隔板式鱼道

用横隔板将鱼道上下游落差分成若干小梯级,横隔板上设有过鱼孔,其形式有溢流堰、淹没孔口和高而窄的竖缝式孔。竖缝可双侧或单侧布置。实际工程中多采用组合式过鱼孔,如堰口与竖缝组合,竖缝与淹没孔口组合,淹没孔口与堰口组合。

我国鱼道宽度一般为 $2\sim3\mathrm{m}$,也有 $1\mathrm{m}$ 和 $4\mathrm{m}$ 的。每一梯级池室长度初步设计时可取鱼道宽度的 $1\sim1.2$ 倍。池室内水深一般为 $1.5\sim2.5\mathrm{m}$,过大型鱼类或以通过底层鱼类为主的鱼道,水深应大些。横隔板式鱼道隔 10 块横隔板应设置一个休息池,其长度一般为池室长度的 2 倍。鱼道两侧边墙可采用混凝土或坛工材料的重力式或连拱式结构。横隔板可由钢筋混凝土、钢丝网水泥或浆砌石做成。

(二)鱼闸

鱼闸是通过控制水位升降的方法输送鱼类的过闸坝,常用的有竖井式和斜井式两种。其主要由上下闸室及其闸门、竖井或斜井、闸室充泄水系统、诱鱼水流管道等组成,工作原理与船闸相似。竖井式鱼闸的运行程序是打开下闸门,通过闸室充水系统向闸室(即竖井)和导渠中泄水,诱鱼进入导渠,并用驱鱼栅将鱼赶入闸室,关闭下闸门,继续向闸室内充水,随闸室水位上升,垂直提升闸室底板上的升降栅,迫使鱼类随水位一起上升,待闸室内水位与上游水位齐平后,打开上闸门,并用上游驱鱼栅将鱼驱赶出闸进入水库。斜井式鱼闸的运行程序是打开下闸门,并通过闸室充水系统向下闸室供水,形成诱鱼流速,诱鱼入室;关闭下闸门,继续给闸室充水,待闸室水位与上游水位齐平后,打开上闸门,用水流诱鱼或驱鱼出闸入库。

鱼类通过鱼闸过坝,体力消耗小,鱼闸进口可接近下游河底布置,因此有利于底层鱼类过坝,但周期性充泄水运行,不能连续过鱼。与鱼道相比,鱼闸通过底层鱼类数量较多,但总过鱼量较少。

(三)升鱼机

升鱼机是用机械设施提升并运送鱼类过坝,工作原理与升船机类似,按运动方式不同有湿运和干运两种。湿运升鱼机是一个可上下移动的水箱,当箱中水面与下游水位齐平时,开启下游箱门,驱鱼进入鱼箱,关闭下游箱门,把水箱提升至水面与上游水位齐平,开启上游箱门,鱼即可进入上游。干运升鱼机是一个可上下移动的渔网,工作原理与湿运升鱼机相似。

(四)过鱼建筑物进出口布置

1.进口

过鱼建筑物进口应布置在不断有活水流出且易为鱼类发现之处。该处流速应比附近水流流速稍大,但不能超过鱼类的克服能力,通常进口布置在岸边或电站、溢洪道出口附近,并应水流顺直,水质新鲜肥沃。当下游水位变幅较大时,可设两个或两个以上不同高程的进口,保证过鱼季节进口处有 1.0~1.5m 以上的水深。进口与河床之间应设短渠或喇叭口连接。

2.出口

过鱼建筑物出口与溢流坝和水电站之间应保持一定距离,以免过坝的鱼再被水流带到下游;出口应靠近岸边,水流平顺,以便鱼类能沿着水流和岸边线顺利上溯。出口还应远离水质污染区,防止泥沙淤积。

修建鱼道、鱼闸等可沟通鱼类洄游通道,投资大,效果有限,且与鱼类生态矛盾不易解决好。近年来,国外有采用人工孵化场解决高坝过鱼问题的,方法是在坝下游拦截亲鱼,经人工孵化成幼鱼后放殖,这种方式既不需要亲鱼过坝,又解决了幼鱼下行问题。

第四节 其他水工建筑物

一、倒虹吸

(一)倒虹吸分类

当渠道跨越河流、沟谷、道路或另一交叉渠道时,若采用渡槽、填方渠道、绕线渠道施工困难或不经济时，当前渠道与所跨越的河流、道路、渠道相比，两者水位或水位与路面高程相差不多时，可在河流、道路、另一渠道下面埋设（也可直接沿地面敷设）压力管道来输送水流，则构成压力输水建筑物，即倒虹吸。与渡槽相比，倒虹吸可省去支承部分，造价较低，但水头损失较大，维修不便。倒虹吸一般由进口段、出口段、管身段三部分组成。进口段由渐变段、沉砂池、闸门、拦污栅、退水冲沙设施、启闭设施、进水口等组成；出口段由出水口、闸门、消力池、渐变段等组成。倒虹吸管道的布置形式有竖井式、斜管式、曲线式和桥式等几种。

1.竖井式倒虹吸

多用于渠道穿越道路时，由竖井式进、出口段和水平管身段组成。竖井一般为矩形或圆形断面，用砖石或混凝土材料砌筑，水平管身布置于路基内，管顶埋置于路面以下不小于1m，并设防渗层。这种形式的管路短，结构简单，但水流条件较差，多用于水头及流量较小的情况。

2.斜管式倒虹吸

多用于渠道穿越河流或另一渠道时，在河流或另一渠道的主槽底部设水平管段，两端用斜管与进、出口相连，水流条件较好，且构造简单，施工方便，应用较多，适用于压力水头较小的情况。

3.曲线式倒虹吸

用于河流岸坡较缓、地形复杂时，虹吸管可随地形敷设成曲线状，管道转弯处设置镇墩。一般在河流最高洪水位以上，管道应埋置于地层内洪水冲刷线以下。寒冷地区管道应埋置于当地冻土层以下不小于0.5m。这种形式的虹吸管水流条件较好，且开挖量小，施工方便，但温度变化及地基不均匀沉降易造成管身开裂。

4.桥式倒虹吸

适宜于主槽窄深的河谷或复式断面河道，在深槽部位建桥，将虹吸管道敷设于桥面上或直接支承于桥墩上，管道在桥头或山坡转弯处设置镇墩，桥下留有足够净空高度满足通航或泄洪要求。设桥后可缩短虹吸管长度，减小压力水头、水头损失和施工难度，但增加桥的造价。

（二）倒虹吸管的水力设计

倒虹吸管水力设计的任务是在过水流量 Q 和倒虹吸管的布置基本

拟定的前提下,在渠系规划时初拟倒虹吸管的断面尺寸,考虑最不利的水头损失情况,预留可能的允许水头损失值 ΔZ。

第一,根据要通过的流量和允许的水头损失值,拟定过水断面尺寸。倒虹吸管内的水流为压力流,其流量计算公式为

$$Q = \mu\omega\sqrt{2gZ} \quad (1-20)$$

$$\omega = Q^2/2G\mu \quad (1-21)$$

式中:Q 为通过倒虹吸管的流量(m^2/s);ω 为倒虹吸管的过水断面面积(m^2);Z 为倒虹吸管的上下游水位差(m);μ 为流量系数,其取值可按下式计算

$$\mu = \frac{1}{\sqrt{\zeta_0 + \Sigma\xi + \dfrac{\lambda L}{D}}} \quad (1-22)$$

式中:ζ_0 为出口局部损失系数;$\Sigma\xi$ 为局部损失系数总和,包括拦污栅、闸门槽、进口、弯道、渐变段等损失系数,各局部损失系数可根据工程布置实际情况查阅《水力学》等文献获取;$\dfrac{\lambda L}{D}$ 为沿程摩阻损失系数,其中 L 为管长(m),D 为管径(m),λ 取 $8g/C^2$,C 为谢才系数。

第二,根据需要通过的流量及拟定适宜的管内流速,核算水头损失值。管内流速应根据技术经济比较和管内不淤要求选定。当通过设计流量时,管内流速通常为 $1.5\sim3.0m/s$,最大流速一般按允许水头损失值控制,在允许水头损失值的范围内应选择较大的流速,以减小管径。

第三,根据核算的水头损失值和初步拟定的管身断面尺寸,核算能否通过规定的流量。

第四,当倒虹吸管的过水断面尺寸和下游渠底高程确定后,核算小流量时管内流速是否满足管不淤条件要求,即应不小于管内挟沙流速。若计算出的管身断面较大或通过小流量时管内流速过小,可考虑双管或多管布置。当通过小流量时,关闭部分管道,以保证管内流速不小于不淤流速,从而方便运行管理。

第五,核算通过加大流量时的进口壅水高度,是否超过挡水墙顶及有无一定的超高。根据设计流量确定管身断面尺寸及下游渠底高程后,尚

应验算管道内通过小流量时进口的水面衔接情况。如小流量时上下游渠道水位差值 Z_1 大于按通过小流量时计算出的水头损失值 Z_2，进口水面将会产生跌落而在管道内产生水跃衔接，从而引起脉动掺气、振动等，影响管道的正常运行，严重时会导致管身破坏。

为了避免在管内产生水跃衔接，可根据倒虹吸管总水头的大小，采用不同的进口结构形式。当 Z_1 与 Z_2 差值较大时，可适当降低进口高程，在进口前设置消力池，池中的水跃应为进口处水面淹没。当 Z_1 与 Z_2 差值不大时，可降低进口高程，在进口设斜坡段或曲线段。当 Z_1 与 Z_2 差值很大、进口设消力池又不便于布置或不经济时，可考虑在出口设置闸门，以抬高进口水位使倒虹吸管进口淹没，消除管内水跃现象。注意设置闸门时应加强运行管理。当渠道通过加大流量，实际水位差小于倒虹吸管通过加大流量所需要的水位差值时，应通过计算，适当加高进水口挡土墙及上游渠道堤顶的高度，并应有一定的超高来满足。

二、涵洞

(一)涵洞类型

涵洞也是渠道上常见的一种交叉输水建筑物，按洞内流态，涵洞可分为无压、有压和半有压几种。按承担的任务不同，常用于以下三种情况。

第一，当渠道与道路或另一渠道相交，而其渠底低于路面或相交渠道的渠底时，可在道路或相交渠道的下面修建涵洞，来连接上下游渠道用以输水，称渠涵。

第二，当渠道与道路相交，渠底高于路面且采用填方渠道时，可在填方渠道下方设置涵洞连接交通，称路涵。

第三，当渠道与溪谷相交，渠底高于谷底且采用填方渠道时，需要在填方渠道下方设置涵洞以宣泄溪谷洪水，这种涵洞称为排洪涵。

(二)涵洞的布置形式

涵洞由进口、洞身和出口组成，其顶部往往有填土。按洞身断面形状不同，涵洞有圆形、箱形、拱形及盖板式几种形式。

1.圆形涵洞

水力条件和受力条件较好，能承受较大的填土压力和内水压力，多用混凝土或钢筋混凝土建造,是涵洞常用的形式。其优点是构造简单、工程量小、施工方便,当泄量大时,可采用双管或多管。

四绞管涵是一种新型管涵结构,它是将圆形涵洞的管顶、管腹和管底用绞(缝)分开,采用钢筋混凝土或混凝土预制构件装配而成,适用于明流涵洞。由于设计计算中考虑和利用了填土的被动土压力,改善了受力条件,因而可节省钢材、水泥,降低工程造价。四绞管涵通常管径为 1.0～1.5m,壁厚为 12～16cm。

2.箱形涵洞

为四边封闭的钢筋混凝土整体结构。其特点是对地基不均匀沉陷适用性好,可调节高宽比来满足过流量要求。小跨径箱涵一般作为单孔,当跨径大于 3m 时,可做成双孔或多孔。当荷载较大时,常设置补角以改善受力条件。单孔箱涵壁厚一般为其总宽的 1/12～1/8,双孔箱涵顶板厚度一般为其总宽的 1/10～1/9,侧墙厚度一般为其高度的 1/13～1/12,内隔墙厚度可稍薄。箱形涵洞适用于洞顶填土厚、跨径较大和地基较差的无压或低压涵洞,可直接敷设在砂石地基或砌石、混凝土垫层上。小跨度箱涵可分段预制,现场安装成整体。

3.盖板式涵洞

断面为矩形,由边墙、底板和盖板组成。侧墙及底板常用浆砌石或混凝土建造,设计时可将盖板和底板视为侧墙的绞支撑,并计入填土的土抗力,能节省工程量。底板视地基条件,底板与侧墙可分为分离式或整体式的。盖板多为预制钢筋混凝土板,厚度为跨径的 1/12～1/5。盖板顶面以 2% 的坡度向两侧倾斜,以利排水,适用于洞顶填土薄、跨径较小和地基较好的无压或低压涵洞。

4.拱形涵洞

由拱圈、侧墙及底板组成。在两侧填土能保证拱形结构稳定的前提下,能发挥拱结构抗压强度高的优势,多用于填土较厚、跨度较大、泄流量较大的明流涵洞。

(三)涵洞的布置

涵洞的布置时应选定涵洞的形式和各部尺寸,并应考虑地形、地质、水文、水力条件及对上下游其他建筑物的影响等因素。由于涵洞的工作条件往往比较复杂,设计时应综合各因素影响,使涵洞布置经济合理。

涵洞的水流方向,应尽量与洞顶渠道或道路正交,排水涵洞则应与原水道方向一致。洞顶高程可等于或接近原水道底部高程。纵坡可等于或稍大于原水道坡度,一般可采用 1‰～3‰。若纵坡过陡,为使洞身稳定可设置齿状基础或在出口敷设镇墩。涵洞的线路应选在地基均匀、承载能力较大的地段,以避免沿洞身方向由于不均匀沉陷而使洞身断裂。一般在淤泥及沼泽地带不宜修建涵洞,当必须通过软弱地带时,应进行地基处理。

(四)涵洞水力计算

涵洞水力计算是确定涵洞孔径和下游衔接段的形式和尺寸。由于水流状态比较复杂,计算时应先判断涵洞的水流流态,然后进行水力计算。

输水涵洞一般都设计成无压的。当洞身较长时,可按明渠均匀流计算通过设计流量时所需的尺寸,并校核通过较大流量时,检查洞内是否有足够的净空高度。当洞身不长时,洞内不能形成均匀流,可根据拟定的洞身断面尺寸和纵坡,按非均匀流计算洞内水面线和进口段水面降落值,由此确定洞身和进出口连接段的高程,并校核通过较大流量时,洞内是否有足够的净空高度。

排水涵洞可以设计成无压、半有压或有压。无压涵洞要求的断面尺寸较大,但进口的水面壅高较小。有压涵洞的洞身断面尺寸较小,但水头有时较大,因而进口水面壅高较大。半有压涵洞则处于两者之间。所以应考虑上游来水面积大小、洪水持续时间长短及水面涨落的快慢等情况,同时还应考虑上游水面壅高对进口的影响,以及原水道和两岸情况。当上游来水面积较大,洪水持续时间较长且涨落缓慢,允许的上游水面壅高值较小时,可按无压涵洞设计。当上游来水面积较小,洪水涨落迅速且上游水面影响不大时,可按半有压流设计。按半有压流设计时应保证洞内为无压明流。当按有压流设计时,应使进口水流平顺,洞身纵坡宜尽量小些,以通过设计流量时的上游允许壅高水位,计算决定洞身断面尺寸。断面尺寸宜小不宜大,以保证洞内为有压流,避免洞内产生明流满流交替状态。

三、跌水和陡坡

渠道输水时，为保持水头，渠道底坡必须保持在一定范围内，而当地面坡度过陡或地形突然降低时，常在此类地段修建集中水流落差的建筑物，将上下游两段渠道连接起来，称落差建筑物或衔接建筑物，常用的有跌水和陡坡。

(一)跌水

跌水分单级跌水和多级跌水。当上下游渠底高差在 3～5m 以内时，一般采用单级跌水，当高差大时则采用多级跌水。

单级跌水一般由进口连接段、跌水口、跌水墙、消力池、出口段等组成。进口连接段的作用是引导上游渠道水流平顺地进入跌水口，对梯形断面渠道常用扭曲面连接，对矩形断面渠道常用八字墙，也可在上游渠道末端，自两岸渠坡伸出直墙，减小过水断面，形成跌水口，连接段末端设置一喉道直线段连接跌水口。

跌水口是跌水的喉部，也称控制缺口，断面形式有矩形、梯形、台堰式、复式等几种。跌水口底部即跌水墙，它也是消力池的前墙，上游侧挡土、下游侧挡水、顶部过流。出口段包括连接段和整流段，其作用是将消力池与下游渠道连接，消除水流余能和防止冲刷。

当跌差较大，修建单级跌水工程量不经济时，可采用多级跌水，它是将消力池做成多个阶梯，每个阶梯的跌差相同，构造也相同。

(二)陡坡

当地面坡度较陡时，可在上下游渠道之间设一陡槽，使上游渠道水流沿着陡槽下泄到下游渠道，该陡槽形式的水流落差建筑物称陡坡。按地形情况和落差大小，也有单级和多级陡坡。

单级陡坡一般由进口连接段、控制缺口、陡坡段、消力池、出口连接段组成，当水流落差大(大于 3～5m)，地形有变坡或呈台状时，可采用多级陡坡。陡坡的控制缺口及进出口段与跌水基本相同，只是用陡槽代替了跌水墙，水流由自由跌落变为沿急流陡槽下泄。陡坡段布置在挖方地段上，横断面形式可为矩形或梯形，其中梯形应用较多。陡坡的平面布置形式有等底宽、变底宽及前部扩散、后部收缩的菱形布置。

第二章　水利工程建设项目管理

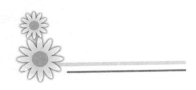

第一节　水利工程建设项目管理概述

随着我国建筑业管理体制改革的不断深化,以工程项目管理为核心的水利水电施工企业的经营管理体制,也发生了很大的变化。这就要求企业必须对施工项目进行规范的、科学的管理,特别是加强对工程质量、进度、成本、安全的管理控制。

一、水利工程建设项目的施工特性

水利工程的项目管理,取决于水利工程施工的以下特性。

(1)水利工程施工经常是在河流上进行,受地形、地质、水文、气象等自然条件的影响很大。施工导流、围堰填筑和基坑排水是施工进度的主要影响因素。

(2)水利工程多处于交通不便的偏远山谷地区,远离后方基地,建筑材料的采购运输、机械设备的进出场费用高、价格波动大。

(3)水利工程量大,技术工种多,施工强度高,环境干扰严重,需要反复比较、论证和优选施工方案,才能保证施工质量。

(4)在水利工程施工过程中,石方爆破、隧洞开挖及水上、水下和高空作业多,必须十分重视施工安全。

由此可见,水利工程施工对项目管理提出了更高的要求。企业必须培养和选派高素质的项目经理,组建技术和管理实力强的项目部,优化施工方案,严格控制成本,才能顺利完成工程施工任务,实现项目管理的各项目标。

二、水利工程建设项目的管理内容

(一)质量管理

1.人的因素

一个施工项目质量的好坏与人有着直接的关系,因为人是直接参与施工的组织者和操作者。施工项目中标后,施工企业要通过竞聘上岗来选择年富力强、管理经验丰富的项目经理,然后由项目经理根据工程特点、规模组建项目经理部,代表企业负责该工程项目的全面管理。项目经理是项目的最高组织者和领导者,是第一责任人。

2.材料因素

材料质量直接影响到工程质量和建筑产品的寿命。因此,要根据施工承包合同、施工图纸和施工规范的要求,制订详细的材料采购计划,健全材料采购、使用制度。要选择信誉高、规模大、抗风险能力强的物资公司作为主要建筑材料的供应方,并与之签订物资采购合同,明确材料的规格、数量、价格和供货期限,明确双方的职责和处罚措施。材料进场后,应及时通知业主或监理对所有的进场材料进行必要的检查和试验,对不符合要求的材料或产品予以退货或降级使用,并做好材料进货台账记录。对入库产品应做出明显标识,标识牌应注明产品规格、型号、数量、产地、入库时间和拟用工程部位。对影响工程质量的主要材料(如钢筋、水泥等),要做好材质的跟踪调查记录,避免混入不合格的材料,以确保工程质量。

3.机械因素

随着建筑施工技术的发展,建筑专业化、机械化水平越来越高,机械的种类、型号越来越多,因此,要根据工程的工艺特点和技术要求,合理配置、正确管理和使用机械设备,确保机械设备处于良好的状态。要实行持证上岗操作制度,建立机械设备的档案制度和台账记录,实行机械定期维修保养制度,提高设备运转的可靠性和安全性,降低消耗,提高机械使用效率,延长机械寿命,保证工程质量。

4.技术措施

施工技术水平是企业实力的重要标志。采用先进的施工技术,对于加快施工进度、提高工程质量和降低工程造价都是有利的。因此,要认真研究工程项目的工艺特点和技术要求,仔细审查施工图纸,严格按照施工图纸编制施工技术方案。项目部技术人员要向各个施工班组和各个作业层进行技术交底,做到层层交底、层层了解、层层掌握。在工程施工中,还要大胆采用新工艺、新技术和新材料。

5.环境因素

环境因素对工程质量的影响具有复杂和多变的特点。例如春季和夏季的暴雨、冬季的大雪和冰冻,都直接影响着工程的进度和质量,特别是对室外作业的大型土方、混凝土浇筑、基坑处理工程的影响更大。因此,项目部要注意与当地气象部门保持联系,及时收听、收看天气预报,收集有关的水文气象资料,了解当地多年来的汛情,采取有效的预防措施,以保证施工的顺利进行。

(二)进度管理

进度管理是指按照施工合同确定的项目开工、竣工日期和分部分项工程实际进度目标制订的施工进度计划,按计划目标控制工程施工进度。在实施过程中,项目部既要编制总进度计划,还要编制年、季、月、旬、周度计划,并报监理批准。目前,工程进度计划一般是采用横道图或网络图来表示,并将其张贴在项目部的墙上。工程技术人员按照工程总进度计划,制订劳动力、材料、机械设备、资金使用计划,同时还要做好各工序的施工进度记录,编制施工进度统计表,并与总的进度计划进行比较,以平衡和优化进度计划,保证主体工程均衡进展,减少施工高峰的交叉,最优化地使用人力、物力、财力,提高综合效益和工程质量。若发现某项主体工程的工期滞后,应认真分析原因并采取一定的措施,如抢工、改进技术方案、提高机械化作业程度等来调整工程进度,以确保工程总进度。

(三)成本管理

施工项目成本控制是施工项目工作质量的综合反映。成本管理的好坏,直接关系到企业的经济效益。成本的管理直接表现为劳动效率、材料消耗、故障成本等的管理,这些在相应的施工要素或其他的目标管理中均有所表现。成本管理是项目管理的焦点。项目经理部在成本管理方面,应从施工准备阶段开始,以控制成本、降低费用为重点,认真研究施工组织设计,优化施工方案,通过技术经济比较,选择技术上可行、经济上合理的施工方案。同时根据成本目标编制成本计划,并分解落实到各成本控制单元,降低固定成本,减少或消除非生产性损失,提高生产效率。从费用构成的方面考虑,首先要降低材料费用,因为材料费用是建筑产品费用的最大组成部分,一般占到总费用的 60%～70%,加强材料管理是项目取得经济效益的重要途径之一。

(四)安全管理

安全生产是企业管理的一项基本原则,与企业的信誉和效益紧密相连。因此,要成立安全生产领导小组,由项目经理任组长、专职安全员任副组长,并明确各职能部门安全生产责任人,层层签订安全生产责任状,制定安全生产奖罚制度,由项目部专职安全员定期或不定期地对各生产小组进行检查、考核,其结果在项目部张榜公布。同时要加强职工的安全教育,增强职工的安全意识和自我保护意识。

三、水利工程建设项目管理的注意事项

(一)提高施工管理人员的业务素质和管理水平

施工管理工作具有专业交叉渗透、覆盖面宽的特点,项目经理和施工现场的主要管理人员应做到一专多能,不仅要有一定的理论知识和专业技术水平,还要有比较广博的知识面和比较丰富的工程实践经验,更需要具备法律、经济、工程建设管理和行政管理的知识和经验。

(二)牢固树立服务意识,协调处理各方关系

项目经理必须清醒地认识到,工程施工也属于服务行业,自己的一切行为都要控制在合同规定的范围内,要正确地处理与项目法人(业主)、监理公司、设计单位及当地质检站的关系,以便在施工过程中顺利地开展工作,互相支持、互相监督,维护各方的合法权益。

(三)严格执行合同

按照"以法律为准绳,以合同为核心"的原则,运用合同手段,规范施工程序,明确当事人各方的责任、权利、义务,调解纠纷,保证工程施工项目的圆满完成。

(四)严把质量关

既要按设计文件执行施工合同,又要根据专业知识和现场施工经验,对设计文件中的不合理之处提出意见,以供设计单位进行设计修改。拟订阶段进度计划并在实施中检查监督,做到以工程质量求施工进度,以工程进度求投资效益。依据批准的概算投资文件及施工详图,对工程总投资进行分解,对各阶段的施工方案、材料设备、资金使用及结算等提出意见,努力节约投资。

(五)加强自身品德修养,调动积极因素

现场施工管理人员特别是项目经理,必须忠于职守,认真负责,爱岗敬业,吃苦耐劳,廉洁奉公,并维护应有的权益。通过推行"目标管理,绩效考核",调动一切积极因素,充分发挥每个项目参与者的作用,做到人人参与管理、个个分享管理带来的实惠,才能保证工程质量和进度。

水利工程建设项目管理是一项复杂的工作,项目经理除了要加强工程施工管理及有关知识的学习外,还要加强自身修养,严格按规定办事,善于协调各方面的关系,保证各项措施真正得到落实。在市场经济不断发展的今天,施工单位只有不断提高管理水平,增强自身实力,提高服务质量,才能不断拓展市场,在竞争中立于不败之地。因此,建设一支技术全面、精通管理、运作规范的专业化施工队伍,既是时代的要求,更是一种责任。

第二节　水利工程建设项目管理方法

水利工程管理是保证水利工程正常运行的关键环节,这不仅需要每个水利职工从意识上重视水利工程管理工作,更要促进水利工程管理水平的提高。

一、明确水利工程的重大意义

水利工程是保障经济增长,社会稳定发展,国家食物安全度稳定提高的重要途径。使我们能够有效地遏制生态环境急剧恶化的局面,实现人口、资源、环境与经济、社会的可持续利用与协调发展的重要保障。特别是水利工程的管理涉及社会安全、经济安全、食物安全、生态与环境安全等方面,在思想上务必要予以足够的重视。

二、提高水利工程建设项目管理的措施

(一)加强项目合同管理

水利工程项目规模大、投资多、建设期长,又涉及与设计、勘察和施工等多个单位依靠合同建立的合作关系,整个项目的顺利实施主要依靠合同的约束进行,因此水利工程项目合同管理是水利工程建设的重要环节,是工程项目管理的核心,其贯穿于项目管理的全过程。项目管理层应强化合同管理意识,重视合同管理,要从思想上对合同重要性有充分认识,强调按合同要求施工,而不单是按图施工。并在项目管理组织机构中建立合同管理组织,使合同管理专业化。如在组织机构中设立合同管理工程师、合同管理员,并具体定义合同管理人员的地位、职能,明确合同管理的规章制度、工作流程,确立合同与质量、成本、工期等管理子系统的界面,将合同管理融于项目管理的全过程之中。

(二)加强质量、进度、成本的控制

1.工程质量控制方面

一是建立全面质量管理机制,即全项目、全员、全过程参与质量管理;二是根据工程实际健全工程质量管理组织,如生产管理、机械管理、材料管理、试验管理、测量管理、质量监督管理等;三是各岗位工作人员配备在数量和质量上要有保证,以满足工作需要;四是机械设备配备必须满足工程的进度要求和质量要求;五是建立健全质量管理制度。

2.进度控制方面

进度控制是一个不断进行的动态过程,其总目标是确保既定工期目标的实现,或者在保证工程质量和不增加工程建设投资的前提下,适当缩短工期。项目部应根据编制的施工进度总计划、单位工程施工进度计划、分部分项工程进度计划,经常检查工程实际进度情况。若出现偏差,应共同与具体施工单位分析产生的原因及对总工期目标的影响,制定必要的整改措施,修订原进度计划,确保总工期目标的实现。

3.成本控制方面

项目成本控制就是在项目成本的形成过程中,对生产经营所消耗的人力资源、物质资源和费用开支进行指导、监督、调节和限制,把各项生产费用控制在计划成本范围之内,保证成本目标的实现。项目成本的控制,不仅是专业成本人员的责任,也是项目管理人员,特别是项目部经理的责任。

(三)施工技术管理

水利工程施工技术水平是企业综合实力的重要体现,引进先进工程施工技术,能够有效提高工程项目的施工效率和质量,为施工项目节约建设成本,从而实现经济利益和社会利益的最大化。相关单位应积极研究及引进先进技术,借鉴国内外先进经验,同时培养一批掌握新技术的专业队伍,为水利工程的高效、安全、可靠开展提供强有力保障。

近年来,水利工程建设大力发展,我国经济建设以可持续发展为理念进行社会基础建设,为了提高水利工程建设水平,对水利工程建设项目管理进行改进,应加大项目管理力度,规范水利工程管理执行制度、完善工程管理体制,对水利工程质量进行严格管理,提高相关管理人才的储备、培训、引进,改进项目管理方式,优化传统工作人员管理模式,避免安全隐患的存在,保障水利工程质量安全,扩大水利工程建设规模,鼓励水利工程管理进行科学技术建设,推进我国水利工程的可持续发展。

第三节　水利工程建设项目管理模式

随着水利水电事业的发展,工程项目建设规模越来越大,结构更复杂,技术含量更高,对多专业的配合要求更迫切,传统的平行发包管理模式已经不能满足当前的工程建设需要。目前,在水利工程建设市场需求的推动下产生了多种项目管理模式。

一、平行发包管理模式

平行发包模式是水利工程建设在早期普遍实施的一种建设管理模式,是指业主将建设工程的设计、监理、施工等任务经过分解分别发包给若干个设计、监理、施工等单位,并分别与各方签订合同。

（一）优点

（1）有利于节省投资。一是与 PMC、PM 模式相比节省管理成本;二是根据工程实际情况,合理设定各标段拦标价。

（2）有利于统筹安排建设内容。根据项目每年的到位资金情况择优计划开工建设内容,避免因资金未按期到位影响整体工程进度,甚至造成工程停工、索赔等问题。

（3）有利于质量、安全的控制。传统的单价承包施工方式,承建单位以实际完成的工程量来获取利润,完成的工程量越多获取的利润就越大,承建单位为寻求利润一般不会主动优化设计,减少建设内容;而严格按照施工图进行施工,质量、安全得以保证。

（4）锻炼干部队伍。建设单位全面负责建设管理各方面工作,在建设管理过程中,通过不断学习总结经验,能有效地提高水利技术人员的工程建设管理水平。

（二）缺点

（1）协调难度大。建设单位协调设计、监理单位以及多个施工单位、供货单位,协调跨度大,合同关系复杂,各参建单位利益导向不同、协调难度大、协调时间长,影响工程整体建设的进度。

（2）不利于投资控制。现场设计变更多,且具有不可预见性,工程超概算严重,投资控制困难。

（3）管理人员工作量大。管理人员需对工程现场的进度、质量、安全、投资等进行管理与控制,工作量大,需要具有管理经验的管理队伍,且综合素质要求高。

（4）建设单位责任风险高。项目法人责任制是"四制"管理中主要组成,建设单位直接承担工程招投标、进度、安全、质量、投资的把控和决策,责任风险高。

二、EPC 项目管理模式

EPC（Engineering Procurement Construction）即设计—采购—施工总承包,是指工程总承包企业按照合同约定,承担项目的设计、采购、施工、试运行服务等工作,并对承包工程的质量、安全、工期、造价全面负责。此种模式,一般以总价合同为基础,在国外,EPC 一般采用固定总价（非重大设计变更,不调整总价）。

（一）优点

（1）合同关系简单,组织协调工作量小。由单个承包商对项目的设计、采购、施工全面负责,简化了合同组织关系,有利于业主管理,在一定程度上减少了项目业主的管理与协调工作。

（2）设计与施工有机结合,有利于施工组织计划的执行。由于设计和施工（联合体）统筹安排,设计与施工有机地融合,能够较好地将工艺设计与设备采购及安装紧密结合起来,有利于项目综合效益的提升,在工程建设中发现问题能得到及时有效的解决,避免设计与施工不协调而影响工程进度。

(3)节约招标时间、减少招标费用。只需 1 次招标,选择监理单位和 EPC 总承包商,不需要对设计和施工分别招标,节约招标时间,减少招标费用。

(二)缺点

(1)由于设计变更因素,合同总价难以控制。由于初设阶段深度不够,实施中难免出现设计漏项引起设计变更等问题。当总承包单位盈利较低或盈利亏损时,总承包单位会采取重大设计变更的方式增加工程投资,而重大设计变更批复时间长,影响工程进度。

(2)业主对工程实施过程参与程度低,不能有效进行全过程控制。无法对总承包商进行全面跟踪管理,不利于质量、安全控制。合同为总价合同,施工总承包方为了加快施工进度,获取最大利益,往往容易忽视工程质量与安全。

(3)业主要协调分包单位之间的矛盾。在实施过程中,分包单位与总承包单位存在利益分配纠纷,影响工程进度,项目业主在一定程度上需要协调分包单位与总承包单位的矛盾。

三、PM 项目管理模式

PM 项目管理服务是指工程项目管理单位按照合同约定,在工程项目决策阶段,为业主编制可行性研究报告,进行可行性分析和项目策划;在工程项目实施阶段,为业主提供招标代理、设计管理、采购管理、施工管理和试运行(竣工验收)等服务,代表业主对工程项目进行质量、安全、进度、投资、合同、信息等管理和控制。工程项目管理单位按照合同约定承担相应的管理责任。PM 模式的工作范围比较灵活,可以是全部项目管理的总和,也可以是某个专项的咨询服务。

(一)优点

(1)提高项目管理水平。管理单位为专业的管理队伍,有利于更好地实现项目目标,提高投资效益。

(2)减轻协调工作量。管理单位对工程建设现场的管理和协调,业主单位主要协调外部环境,可减轻业主对工程现场的管理和协调工作量,有利于解决项目业主人才不足的问题。

(3)有利于保障工程质量与安全。施工标由业主招标,避免造成施工标单价过低,有利于保证工程质量与安全。

(4)委托管理内容灵活。委托给 PM 单位的工作内容和范围也比较灵活,可以具体委托某一项工作,也可以是全过程、全方位的工作,业主可根据自身情况和项目特点去选择。

(二)缺点

(1)职能职责不明确。项目管理单位职能职责不明确,与监理单位职能存在交叉问题,比如合同管理、信息管理等。

(2)体制机制不完善。目前没有指导项目管理模式的规范性文件,不能对其进行规范化管理,有待进一步完善。

(3)管理单位积极性不高。由于管理单位的管理费为工程建设管理费的一部分,金额较小,管理单位投入的人力资源较大,利润较低。

(4)增加管理经费。增加了项目管理单位,相应地增加了一笔管理费用。

四、PMC 项目管理模式

项目管理总承包指:项目业主以公开招标方式选择项目管理总承包(PMC)单位,将项目管理工作和项目建设实施工作以总价承包合同形式进行委托;再由 PMC 单位通过公开招标形式选择土建及设备等承包商,并与承包商签订合承包合同。

根据工程项目的不同规模、类型和业主要求,通常有 3 种 PMC 项目管理承包模式。

(一)业主采购,PMC 方签订合同并管理

业主与 PMC 承包商签订项目管理合同,业主通过指定或招标方式

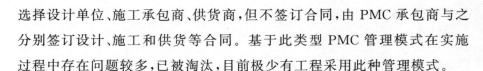

选择设计单位、施工承包商、供货商，但不签订合同，由 PMC 承包商与之分别签订设计、施工和供货等合同。基于此类型 PMC 管理模式在实施过程中存在问题较多，已被淘汰，目前极少有工程采用此种管理模式。

（二）业主采购并签合同 PMC 方管理

业主选择设计单位、施工承包商、供货商，并与之签订设计、施工和供货等合同，委托 PMC 承包商进行工程项目管理。此类型 PMC 管理模式，主要有 2 种具体表现形式。

1. PMC 管理单位为具有监理资质的项目管理单位

业主不再另行委托工程监理，让管理总承包单位内部根据自身条件及工程特点分清各自职能职责，管理单位更加侧重于利用自己专业的知识和丰富的管理经验对项目的整体进行有效的管理，使项目高效的运行；监理的侧重点在于提高工程质量与加快工程进度，而非对项目整体的管理能力，业主只负责监督、检查项目管理总承包单位是否履职履责。PMC 项目管理单位可以是监理与项目管理单位组成的联合体。

此种模式的优点是解决了目前 PMC 型项目管理模式实施过程中存在职能职责交叉的问题，责任明确。避免了由于交叉和矛盾的工作指令关系，影响项目管理机制的运行和项目目标的实现，提高了管理工作效率。最大缺点是工程缺少第三方监督，如出现矛盾没有第三方公正处理，现基本不采用该形式。

2. PMC 管理单位为具有勘察设计资质的项目管理单位

PMC 项目管理单位具有勘察设计资质，也可以是设计与项目管理单位组成联合体。此种模式的优点：可依托项目管理单位的技术力量、管理能力和丰富经验等优势，对工程质量、安全、进度、投资等形成有效的管理与控制，减轻业主对工程建设的管理与协调压力；通过对设计单位协调，有效地解决 PMC 实施过程中存在的设计优化分成问题，增加了设计单位设计优化的积极性。业主将设计优化分成给管理总承包单位，然后由管理总承包单位内部自行分成。最大缺点是缺少第三方监督，如出现矛盾没有第三方公正处理，很多地方不太采用该形式。

(三)风险型项目管理总承包(PMC)

根据水利项目的建设特点,在国际通行的项目管理承包模式和国内近几年运用实践的基础上,首先提出了风险型项目管理总承包(PMC)的建设管理模式。该模式基于工程总承包建设模式,是对国际通行的项目管理承包(PMC)进行拓展和延伸,PMC总承包单位按照合同约定对设计、施工、采购、试运行等进行全过程、全方位的项目管理和总价承包,一般不直接参与项目设计、施工、试运行等阶段的具体工作,对工程的质量、安全、进度、投资、合同、信息、档案等,全面控制、协调和管理,向业主负总责,并按规定选择有资质的专业承建单位来承担项目的具体建设工作。此类型PMC管理模式包括项目管理单位与设计单位不是同一家单位及项目管理单位与设计单位是同一家单位两种表现形式。

(四)优点

(1)有效提高项目管理水平。PMC总承包单位通过招标方式选择是具有专业从事项目建设管理的专门机构、拥有大批工程技术和项目管理经验的专业人才,有利于充分发挥PMC总承包单位的管理、技术、人才优势,提升项目的专业化管理能力,同时促进参建单位施工和管理经验的积累,极大地提升整个项目的管理水平。

(2)建设目标得到有效落实。项目管理总承包(PMC)合同签订,工程质量、进度、投资予以明确,不得随意改动。业主重点监督合同的执行和PMC总承包单位的工作开展,PMC总承包单位做好项目管理工作并代业主管理勘测设计单位,按合同约定选择施工、安装、设备材料供应单位。在PMC总承包单位的统一协调下,参建单位的建设目标一致,设计、施工、采购得到深度融合,实现技术、人力、资金和管理资源高效组合和优化配置,工程质量、安全、进度、投资得到综合控制且真正落实。

(3)降低项目业主风险。项目建设期业主风险主要来自设计方案的缺陷和变更、招标失误、合同缺陷、设备材料价格波动、施工索赔、资金短缺及政策变化等不确定因素。在严密的项目管理总承包(PMC)合同框架下,从合同上对业主的风险进行了重新分配,绝大部分发生转移,同时项目建设责任主体发生转移,更能激励 PMC 总承包单位重视工程质量、安全、进度、投资的控制,减少了整个项目的风险。

(4)减轻业主单位协调工作量。管理单位对工程建设现场的管理和协调,业主单位主要协调外部环境,可减轻业主对工程现场的管理和协调工作量,有利于解决项目业主建设管理人才不足的问题。

(5)代业主管理设计。PMC 单位可对设计单位进行管理,如 PMC 与设计是同一家单位,对前期工作较了解,相当于从项目的前期到实施阶段的全过程管理,业主仅需对工程管理的关键问题进行决策。

(6)解决业主建设管理能力和人才不足的问题。PMC 总承包单位代替业主行使项目管理职责,是项目业主的延伸机构,可解决业主的管理能力和人才不足问题。业主决定项目的构思、目标、资金筹措和提供良好的外部施工环境,PMC 总承包单位承担施工总体管理和目标控制,对设计、施工、采购、试运行进行全过程、全方位的项目管理,不直接参与项目设计、施工、试运行等阶段的具体工作。

(7)精简业主管理机构。项目建设业主往往要组建部门众多的管理机构,项目建成后如何安置管理机构人员也是较大的难题。采用项目管理总承包(PMC)后,PMC 总承包单位会针对项目特点组建适合项目管理的机构来协助业主开展工作,业主仅需组建人数较少的管理机构对项目的关键问题进行决策和监督,从而精简了业主的管理机构。

该种模式由于管理单位进行二次招标,可节约一部分费用在作为风险保证金的同时可适当弥补管理经费不足,提高管理单位的积极性。

(五)缺点

整体来看,国家部委层面出台的 PMC 专门政策、意见及管理办法与 EPC 模式相比有较大差距。同时,与 PMC 模式相配套的标准合同范本需要进一步规范、完善。

五、PPP+PMC 项目建设管理模式

PPP+PMC 模式采取一次性公开招标或竞争性招标选择具备相应

资质和能力的 PPP 社会投资人，同时以 PPP 投标人联合体方式选择具备相应资质和能力的 PMC 承包人实施工程项目建设。

采用 PPP 管理模式涉及单位较多，融资各方利益目标不一致，协调参建各方不同的利益目标难度大，现场管理过程中由于涉及单位和个人较多，形成多头管理，工作效率低下，建议在项目建设中尽量不要采用此模式。

建管模式并无优劣之分，只有适合与否。不同工程项目或工程项目的某一部分建设内容实施过程中所适合的建管模式不尽相同，建设单位应针对工程各层面的特点选用适合的建设模式，力争将每一个水利工程打造成为精品工程、样板工程。

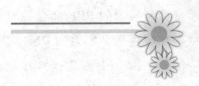

第三章　水利工程质量管理

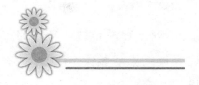

第一节　水利工程质量管理概述

建设项目的质量是决定工程成败的关键,也是建设项目三大控制目标的重点。

一、建设项目质量管理术语

(一)质量

质量是指实体满足明确和隐含需要的能力的特性总和。质量主体是"实体"。"实体"不仅包括产品,而且包括活动、过程、组织体系或人,以及他们的结合。"明确需要"指在标准、规范、图纸、技术需求和其他文件中已经作出规定的需要。"隐含需要"一是指业主或社会对实体的期望,二是指那些人们公认的、不言而喻的、不必明确的"需要"。显然,在合同环境下,应规定明确需要,而在其他情况下,应对隐含需要加以分析、研究、识别,并加以确定。"特性"是指实体特有的性质,它反映了实体满足需要的能力。

(二)工程项目质量

工程项目质量是国家现行的有关法律法规、技术标准、设计文件及工程合同中对工程的安全、使用、经济、美观等特性的综合要求。工程项目一般都是按照合同条件承包建设的,是在"合同环境"下形成的。工程项目质量的具体内涵应包括以下三方面。

第一,工程项目实体质量。任何工程项目都由分项工程、分部工程、单位工程所构成,工程项目的建设过程又是由一道道相互联系、相互制约的工序所构成,工序质量是创造工程项目实体质量的基础。因此,工程项目的实体质量应包括工序质量、分项工程质量、分部工程质量和单位工程质量。

第二,功能和使用价值。从功能和使用价值看,工程项目质量体现在性能、寿命、可靠性、安全性和经济性等方面,它们直接反映了工程的质量。

第三,工作质量。工作质量是指参与工程项目建设的各方,为了保证工程项目质量所从事工作的水平和完善程度。工作质量包括:社会工作质量(如社会调查、市场预测等)、生产过程工作质量(如管理工作质量等)。要保证工程项目的质量,就要求有关部门和人员精心工作,对决定和影响工程质量的所有因素严加控制,通过提高工作质量来保证和提高工程项目的质量。

(三)工程项目质量控制

质量控制是指为达到质量要求所采取的作业技术和行动。工程项目质量控制是指为达到工程项目质量要求所采取的作业技术和行动。工程项目质量要求主要表现为工程合同、设计文件、技术规范规定的质量标准。因此,工程项目质量控制就是为了保证达到工程合同规定的质量标准而采取的一系列措施、方法和手段。工程项目质量控制按其实施者不同,可分为:业主方面的质量控制、政府方面的质量控制、承包商方面的质量控制。工程项目业主或监理工程师的质量控制主要是指通过对施工承包商施工活动组织计划和技术措施的审核,对施工所用建筑材料、施工机具和施工过程的监督、检验和对施工承包商施工产品的检查验收来实现对施工项目质量目标的控制。

二、水利工程项目质量的特点

要对水利工程项目质量进行有效控制,首先要了解水利工程项目质量形成的过程,根据其形成过程掌握其特点。监理工程师应结合这些特点进行质量控制。在研究水利工程项目质量控制的有关问题时,也必须充分考虑这些特点。

水利工程项目质量是按照水利工程建设程序,经过工程建设系统各个阶段而逐步形成的。

由于水利工程项目本身的特点,使得通过上述过程形成的水利工程项目质量具有以下一些特点。

第一,主体的复杂性。一般的工业产品通常由一个企业来完成,质量易于控制,而工程产品质量一般由咨询单位、设计承包商、施工承包商、材料供应商等多方参与来完成,质量形成较为复杂。

第二,影响质量的因素多。影响质量的主要因素有决策、设计、材料、方法、机械、水文、地质、气象、管理制度等。这些因素都会直接或间接地影响工程项目的质量。

第三,质量隐蔽性。水利工程项目在施工过程中,由于工序交接多,中间产品多,隐蔽工程多,若不及时检查并发现其存在的质量问题,事后看表面质量可能很好,容易产生第二类判断错误,即将不合格的产品判为合格的。

第四,质量波动大。工程产品的生产没有固定的流水线和自动线,没有稳定的生产环境,没有相同规格和相同功能的产品,容易产生质量波动。

第五,终检局限大。工程项目建成后,不可能像某些工业产品那样,拆卸或解体来检查内在的质量。所以终检验收时难以发现工程内在的、隐蔽的质量缺陷。

第六,质量要受质量目标、进度和投资目标的制约。质量目标、进度和投资目标三者既对立又统一。任何一个目标的变化,都将影响到其他两个目标。因此,在工程建设过程中,必须正确处理质量、投资、进度三者之间的关系,达到质量、进度、投资整体最佳组合的目标。

第二节 水利工程质量评定

一、水利工程质量评定方法

(一)水利工程质量评定项目划分

水利工程的质量评定,首先应进行评定项目的划分。划分时,应按从大到小的顺序进行,这样有利于从宏观上进行项目评定的规划,不至于在分期实施过程中,出现层次、级别和归类上的混乱。质量评定时,应按从低层到高层的顺序依次进行,这样可以从微观上按照施工工序和有关规定,在施工过程中把好施工质量关,由低层到高层逐级进行工程质量控制和质量检验评定。

1.基本概念

水利工程一般可分为若干个扩大单位工程。扩大单位工程由几个单位工程组成,并且这几个单位工程能够联合发挥同一效益与作用或具有同一性质和用途。

单位工程是指能独立发挥作用或具有独立的施工条件的工程,通常是若干个分部工程完成后才能运行使用或发挥一种功能的工程。单位工程常常是一座独立建(构)筑物,特殊情况下也可以是独立建(构)筑物中的一部分或一个构成部分。

分部工程是指组成单位工程的各个部分。分部工程往往是建(构)筑物中的一个结构部位,或不能单独发挥一种功能的安装工程。

单元工程是组成分部工程的、由一个或几个工种施工完成的最小综合体,是日常质量考核的基本单位。可依据设计结构、施工部署或质量考核要求把建筑物划分为层、块、区、段等来确定。

2.单元工程与国标分项工程的区别

(1)分项工程一般按主要工种工程划分,可以由大工序相同的单元工程组成。如:土方工程、混凝土工程是分项工程,在国标中一般就不再向下分,而水利部颁发的标准中,考虑到水利工程的实际情况,像土坝、砌石、混凝土坝等,如作为分项工程,则工程量和投资都可能很大,也可能一个单位工程仅有这一个分项工程,按国标进行质量检验评定显然不合理。为了解决这个问题,水利部颁发的标准规定,质量评定项目划分时可以继续向下分成层、块、段、区等。为便于与国标分项工程区别,我们把质量评定项目划分时的最小层、块、段、区等叫作单元工程。

(2)分项工程这个名词概念,过去在水利工程验收规范、规程中也经常提到,一般是和设计规定基本一致的,而且多用于安装工程。执行单元工程质量检验评定标准以来,分项工程一般不作为水利工程日常质量考核的基本单位。在质量评定项目规划中,根据水利工程的具体情况,分项工程有时划为分部工程,有时又划为单元工程,分项工程就不作为水利工程质量评定项目划分规划中的名词出现。单元工程有时由多个分项工程组成,如一个钢筋混凝土单元就包括钢筋绑扎和焊接、混凝土拌制和浇筑等多个分项工程;有时由一个分项工程组成。即单元工程可能是一个施工工序,也可能是由若干个工序组成。

(3)国标中的分项工程完成后不一定形成工程实物量,或者仅形成未就位安装的零部件及结构件,如模板分项工程、钢筋焊接、钢筋绑扎分项工程、钢结构件焊接制作分项工程等。单元工程则是一个工种或几个工种施工完成的最小综合体,是形成工程实物量或安装就位的工程。

3.项目划分

质量评定项目划分总的指导原则是:贯彻执行国家正式颁布的标准、规定。

(1)单位工程划分

①枢纽工程按设计结构及施工部署划分。以每座独立的建筑工程或独立发挥作用的安装工程为单位工程。

②渠道工程按渠道级别或工程建设期、段划分。以一条干(支)渠或

同一建设期、段的渠道工程为单位工程,投资或工程量大的建筑物以每座独立的建筑物为单位工程。

③堤坝工程按设计结构及施工部署划分。以堤坝身、堤坝岸防护、交叉连接建筑物等分别为单位工程。

(2)分部工程划分

①枢纽工程按设计结构的主要组成部分划分。

②渠道工程和堤坝工程按设计及施工部署划分。

③同一单位工程中,同类型的各个分部工程的工程量不宜相差太大,不同类型的各个分部工程投资不宜相差太大。每个单位工程的分部工程数目不宜少于5个。

(3)单元工程划分

①枢纽工程按设计结构、施工部署或质量考核要求划分。建筑工程以层、块、段为单元工程,安装工程以工种、工序等为单元工程。

②渠道工程中的明渠(暗渠)开挖、填筑按施工部署切分,衬砌防渗(冲)工程按变形缝或结构缝划分,单元工程不宜大于100m。

(二)质量检验评定分类及等级标准

1. 单元工程质量评定分类

水利工程质量等级评定前,有必要了解单元工程质量评定是如何分类的。单元工程质量评定分类有多种,这里仅介绍最常用的两种。按工程性质可分为:

(1)建筑工程质量检验评定。

(2)机电设备安装工程质量检验评定。

(3)金属结构制作及安装工程质量检验评定。

(4)电气通信工程质量检验评定。

(5)其他工程质量检验评定。

按项目划分可分为:

(1)单元、分项工程质量检验评定。

(2)分部工程质量检验评定。

(3)单位工程质量检验评定。

（4）扩大单位或整体工程质量检验评定。

（5）单位或整体工程外观质量检验评定。

2.评定项目及内容

中小型水利工程质量等级仍按国家规定（国标）划分为"合格"和"优良"两个等级。不合格单元工程的质量不予评定等级，所在的分部工程、单位工程或扩大单位工程也不予评定等级。

单元工程一般由保证项目、基本项目和允许偏差项目三部分组成。

（1）保证项目

保证项目是保证水利工程安全或使用功能的重要检验项目。无论质量等级评为合格或优良，均必须全部满足规定的质量标准。规范条文中用"必须"或"严禁"等词表达的都列入了保证项目，另外，一些有关材料的质量、性能、使用安全的项目也列入了保证项目。对于优良单元工程，需要保证项目应全部符合质量标准，且应有一定数量的重要子项目达到"优良"的标准。

（2）基本项目

基本项目是保证水利工程安全或使用性能的基本检验项目。一般在规范条文中使用"应"或"宜"等词表达，其检验子项目至少应基本符合规定的质量标准。基本项目的质量情况或等级分为"合格"及"优良"两级，在质的定性上用"基本符合"与"符合"来区别，并以此作为单元工程质量分等定级的条件之一。在量上用单位强度的保证率或离差系数的不同要求，以及用符合质量标准点数占总测点的百分率来区别。一般来说，符合质量标准的检测点（处或件）数占总检测数70%及以上的，该子项目为"合格"，在90%及以上的，该子项目为"优良"。在各个子项目质量均达到合格等级标准的基础上，若有50%及其以上的主要子项目达到优良，该单元工程的基本项目评为"优良"。

（3）允许偏差项目

允许偏差项目是在单元工程施工工序过程中或工序完成后，实测检验时规定允许有一定偏差范围的项目。检验时，允许有少量抽检点的测量结果略超出允许偏差范围，并以其所占比例作为区分单元工程是"合格"还是"优良"等级的条件之一。

二、水利工程施工质量评定管理系统的规划

(一)水利工程施工质量评定工作的特点

就《水利水电工程施工质量评定表》而言,水利工程外观质量评定是由建设(监理)单位组织,负责该项工程的质量监督部门主持,有建设(监理)施工及质量检测等单位参加的,各评定项目的质量标准,要根据所评工程特点及使用要求,在评前由设计、建设(监理)及施工单位共同研究提出方案,经负责该项工程的质量监督部门确认后执行,这部分的表式是没有固定填写标准的。但其他部分的评定表都是要严格按照《水利水电工程施工质量评定表填表说明与示例》进行填写的,这部表实质上就是单元工程质量评定表或工序质量评定表,就一个土石坝工程来说,这样的表要填成百上千次,但有很大一部分重复工作完全可以由计算机来完成。因此,水利工程施工质量评定管理系统是着眼于单元工程(工序)质量评定进行编制的。

(二)单元工程(工序)质量表中保证项目和基本项目的量化方法

1.一票否决法处理保证项目子目

因为保证项目是保证水利工程安全或使用功能的重要检验项目。无论质量等级评为合格或优良,均必须全部满足规定的质量标准。保证项目只要出现不符合质量标准的子项目,该单元工程(工序)就只能作不合格处理。

2.用层次分析法确定指标权重

保证项目和基本项目的子项目的检测点属定性描述,必须量化后才能用于统一的打分计算,得出质量评定结果。这里采用系统工程的层次分析法来计算保证项目和基本项目的评价指标权重,从而准确计算单元工程(工序)的质量得分,客观评定单元工程质量或工序质量。

层次分析法,20世纪70年代中期由美国著名运筹学家 T. L. Satty 提出,80年代初期由 H. Gholammzhad 引入我国,是系统分析中的一种

新的简易实用的决策方法。它尤其适用于那些难于完全用定量方法进行分析的复杂问题。在把定性的检测结论转化成定量评分的处理中,这里借用这一方法来确定保证项目和基本项目的子项目的检测点的权重。它的基本原理是将整个系统按照因素间的相互关联影响以及隶属关系分解为若干层次,通过同层次两两因素的对比,逐层定出最低层(指标层)因素相对于最高层(目标层)的相对重要性权值,从而将人的主观判断思维过程用数学形式表达和处理,同时还可以检查主观判断过程的一致性。这一方法易于掌握,也易于运用,是一种整理和综合各项主观判断的客观方法。

在排序计算中,每一层次的因素相对上一层某一因素的单排序问题可简化为一系列成对因素的判断比较,为了将比较判断定量化,层次分析法引入 1～9 比率标度方法,并写成矩阵形式,即构成所谓的判断矩阵,形成判断矩阵后,即可通过计算判断矩阵的最大特征根及其对应的特征向量,计算出某一层元素相对于上一层次某一元素的相对重要性权值。在计算出某一层次相对于上一层次各个因素的单排序权值后,用上一层次因素本身的权值计算出上一层整个层次的相对重要性权值,即层次总排序值。这样,依次由上而下即可计算出最低层因素相对于最高层的相对重要性权值或相对优劣次序的排序值。

三、现行水利工程质量评价方法

(一)水利工程质量的评价等级

现行水利工程按单元工程、分部工程、单位工程及工程项目的顺序依此评定,工程质量分为"合格"和"优良"两个等级。

(二)单元工程质量评定标准

单元工程质量评定的主要内容包括主要项目与一般项目。按照现行评定标准分为"合格"和"优良"两个等级。在基本要求(检测项目)合格的前提下,主要检测项目的全部测点全部符合标准;每个一般检测项目的测点中,有 70% 以上符合标准,其他测点基本符合标准,且不影响安全和使用即评定为合格。在合格的基础上,一般检测项目的测点总数中,有

90％以上的测点符合标准,即评定为优良。

单元工程质量达不到合格标准时,必须及时处理。全部返工重做的可重新评定质量等级;经加固补强并经鉴定能达到设计要求,其质量只能评定为合格;经鉴定达不到设计要求,但项目法人和监理单位认为基本满足安全和使用功能要求,可以不加固补强的或经加固补强后,改变外形尺寸或造成永久性缺陷,经项目法人和监理单位认为基本满足设计要求的,其质量可按合格处理。

(三)分部工程质量评定标准

1.合格标准

单元工程质量全部合格;中间产品质量及原材料质量全部合格,启闭机制造与机电产品质量合格。

2.优良标准

单元工程质量全部合格,有50％以上达到优良,主要单元工程质量优良,且未发生过质量事故;中间产品质量全部合格,如以混凝土为主的分部工程混凝土拌和物质量达到优良,原材料质量合格,启闭机、闸门制造及机电产品质量合格。

(四)单位工程质量评定标准

1.合格标准

分部工程质量全部合格;中间产品质量及原材料质量全部合格,启闭机制造与机电产品质量合格,外观质量得分率达到70％以上;工程使用的基准点符合规范要求,工程平面位置和高程满足设计和规范要求,施工质量检验资料基本齐全。

2.优良标准

分部工程质量全部合格,其中有50％以上达到优良,主要分部工程质量优良,且施工中未发生重大质量事故;中间产品质量及原材料质量全部合格,其中各主要部分工程混凝土拌和物质量达到优良,原材料质量、启闭机制造与机电产品质量合格;外观质量得分率达到85％以上;工程使用基准点符合规范要求,工程平面位置和高程满足设计和规范要求;施工质量检验资料基本齐全。水电站、泵站工程的质量评定还需经机组启动试运行检验,达到工程设计要求。

(五)工程项目质量评定标准

1.合格标准

单位工程全部合格。

2.优良标准

单位工程全部合格,其中50%以上达到优良,且主要单位工程质量优良。

第三节　施工阶段质量控制的研究

水利工程质量控制的目的是确保水利工程项目质量目标全面实现,提高水利工程项目的投资效益、社会效益和环境效益。水利工程项目质量是按照水利工程建设程序,经过工程建设系统各个阶段逐步形成的。质量控制的任务:根据水利工程合同规定的工程建设各阶段的质量目标,对工程建设全过程的质量实施监督管理。

水利工程各阶段的质量目标不同,各阶段具有不同的质量控制对象和任务。施工阶段质量控制是水利工程项目全过程质量控制的关键环节。工程质量很大程度上取决于施工阶段质量控制。施工阶段的质量控制不仅是水利工程项目质量控制的重点,也是监理工程师质量控制的核心内容。监理工程师进行质量控制的工作主要集中在施工阶段。

一、质量控制的系统过程及程序

(一)质量控制的系统过程

施工阶段的质量控制是一个经由对投入的资源和条件的质量控制进而对生产过程及各环节质量进行控制,直到对所完成的工程产品的质量进行检验与控制为止的全过程的系统控制过程。根据施工阶段工程实体质量形成过程的时间阶段,可将质量控制划分为以下三个阶段。

1. 事前控制

事前质量控制是指在施工前的准备阶段进行的质量控制，即在各工程对象正式施工开始前，对各项准备工作及影响质量的各因素和有关方面进行的质量控制。

2. 事中控制

事中质量控制是指在施工过程中对所有与施工过程有关的各方面进行的质量控制，也包括对施工过程中的中间产品（工序产品，分部、分项工程，工程产品）的质量控制。

3. 事后控制

事后质量控制是指对通过施工过程所形成的产品的质量控制。

在这三个阶段中，工作的重点是工程质量的事前控制和事中控制。

(二)质量控制的程序

工程质量控制与单纯的质量检验存在本质上的差别，它不仅仅是对最终产品的检查和验收，而是对工程施工实施全过程、全方位的监督和控制。

二、事前质量控制

在水利工程施工阶段，影响工程质量的主要因素有"人（Man）、材料（Materiel）、机械（Machine）、方法（Method）和环境（Environment）"等五大方面，简记为4M1E质量因素。监理工程师事前质量控制的主要任务包括两方面：一方面，监理工程师应做好对施工承包商的准备工作质量的控制，即对施工人员、施工所用建筑材料和施工机械、施工方法和措施、施工所必备的环境条件等的审核；另一方面，监理工程师应做好事前质量保证工作，即为了有效地进行预控，监理工程师需要根据承包商提交的各种文件，依照本工程的合同文件及相关规范、规程，建立监理工程师质量预控计划。另外，还需做好施工图纸的审查和发放。

(一)承包商准备工作的质量控制

1.承包商人员的质量控制

按照规定,承包商在投标时应按招标文件的要求及《水利水电土建工程施工合同条件》有关条款的规定提交详细的《拟投入合同工作的主要人员表》,其目的是保证承包商的主要人员符合投标的承诺。在双方签订的合同文件中列入投标文件中的主要人员。承包商按此配备人员,未经业主同意,主要人员不能随意更换。承包商在接到开工通知84天内向监理工程师提交承包商在工地的管理机构及人员安排报告。对承包商人员的事前控制,就是核查承包商提交的人员安排(尤其是主要人员)是否与合同文件所列人员一致,进场人员(尤其是主要人员)是否与人员安排报告相一致。然后监理工程师对照标书和施工合同,根据工程开工的需要,审核这些已进场的关键人员在数量和素质上是否符合要求,其他关键人员进场的日期是否满足开工要求。另外,监理工程师还要检查技术岗位和特殊工种工人(如从事钢管和钢结构焊接的焊工)的上岗资格证明。

2.材料的控制

按照规定,为完成合同内各项工作所需的材料包括原材料、半成品、成品,除合同另有规定外,原则上应由承包商负责采购。即承包商负责材料的采购、验收、运输和保管。承包商应按合同进度计划和技术条款的要求制订采购计划,报送监理工程师审批。

(1)承包商按照审批后的采购计划进行采购并交货验收,其材料交货验收的内容有以下几项。

查验证件。承包商应按供货合同的要求查验每批材料的发货单、计量单、装箱单、材料合格证书、化验单、图纸或其他有关证件,并应将这些证件的复印件提交监理工程师。

抽样检验。承包商应会同监理工程师根据不同材料的有关规定进行材料抽样检验,并将检验结果报送监理工程师。承包商应对每批材料是否合格做出鉴定,并将鉴定意见书提交监理工程师复查。

材料验收。经鉴定合格的材料方能验收入库,承包商应派专人负责核对材料品名、规格、数量、包装以及封记的完整性,并做好记录。

(2)监理工程师对材料的事前控制的步骤

审批承包商的采购计划:监理工程师根据掌握的材料质量、价格、供货能力等方面的信息,对承包商申报的供货厂家进行审批,尤其对于主要材料,在订货前,必须要求承包商申报,经监理工程师论证同意后,方可订货。当材料进场后,监理工程师应监督承包商对材料进行检查和验收,并对承包商报送的《进场材料质量检验报告单》进行审核。监理工程师除了核查报告单所附的查询证件复印件、鉴定意见书外,要对承包商的材料质量检验成果复核,对有些材料还要进行抽检复验。监理工程师在审核承包商的材料质量检验成果或在抽检复验时应注意下列内容的审核或正确选用。

(3)材料质量标准。材料质量标准是用以衡量材料质量的尺度,也是作为验收检验材料质量的依据。不同的材料有不同的质量标准,掌握材料的质量标准,就便于可靠地控制材料和工程的质量。监理工程师要审核选用的质量标准是否合理。

(4)材料质量检验项目。材料质量的检验项目分为"一般试验项目""为通常进行的试验项目""其他试验项目""为根据需要进行的试验项目"。针对某种材料,监理工程师要审核检验项目是否能满足工程要求。

(5)取样标准和方法。材料质量检验的取样必须有代表性,即所采取样品的质量应能代表该批材料的质量。在采取试样时,必须按规定的部位、数量及采选的操作要求进行。监理工程师要审核承包商对某种材料的取样标准和方法时应按规定进行。

3.工程设备的控制

(1)业主负责采购的工程设备。按照《水利水电土建工程施工合同条件》的规定,业主提供的工程设备应由承包商与业主在合同规定的交货地点共同进行交货验收,即将业主采购的工程设备由生产厂家直接移交给承包商,交货地点可以在生产厂家、工地或其他合适的地方。工程设备的检验测试由承包商负责。监理工程师必须对承包商报送的检验结果复核签认。

(2)承包商负责采购并安装的工程设备。按照相关规定,承包商负责采购和安装的工程设备,应根据施工进度的安排及《工程量清单》所列的项目内容和技术条款规定的技术要求,提出工程设备的订货清单,报送监理工程师审批。承包商应按监理工程师批准的工程设备订货清单办理订货,并应将订货协议副本提交监理工程师。

无论是由业主负责采购承包商负责安装的工程设备,还是由承包商负责采购并安装的工程设备,承包商均需会同业主或监理工程师进行检验测试,检验结果必须报送监理工程师复核签认。针对工程设备的事前控制,监理工程师必须从计量、计数检查;质量保证文件审查;品种、规格、型号的检查;质量确认检验等方面对承包商的检验结果进行控制。

4.施工机械设备的质量控制

在工程开工前,承包商应综合考虑施工现场条件、工程结构、机械设备性能、施工工艺、施工组织和管理等多种因素,制订详细的机械化施工方案,填报《进场施工设备申报表》,列明设备名称、规格型号、生产能力、数量、进场日期、完好状况,拟用工程项目等内容。监理工程师除对承包商报送的《进场施工设备申报表》进行审核外,要着重从施工机械设备的选型、施工机械设备的主要性能参数和施工机械设备的使用操作等三方面予以控制。

(1)机械设备的选型

施工机械设备型号的选择,应本着因工程制宜,考虑到施工的适用性、技术的先进性、操作的方便性、使用的安全性,保证施工质量的可靠性和经济上的合理性。如:从适用性出发,正向铲只适用于挖掘停机面以上的土层,反向铲适用于挖掘停机面以下的土层,抓铲则适宜于水中挖土。

(2)主要性能参数的选择

选择施工机械设备的主要依据是其主要性能参数,要求它能满足施工需要和保证质量要求。如:起重机械的性能参数,必须满足起重量、起重高度和起重半径的要求,才能保证正常施工。

(3)机械设备使用操作要求

合理使用机械设备,正确地进行操作,是保证施工质量的重要环节,实行定机、定人、定岗位责任的"三定"制度。操作人员必须认真执行各项规章制度,严格遵守操作规程,防止出现安全质量事故。

监理工程师通过上述三方面的审核,在申报表上列明哪些设备准予进场,哪些设备不符合施工要求需承包商予以更换,哪些设备数量或能力不足,需由承包商补充。监理工程师除了审核承包商报送的申报表,还应对到场的施工机械设备进行核查,在施工机械设备投入使用前,需再进行核查。如果承包商使用旧施工机械设备,在进场前,监理工程师要核查主要旧施工设备的使用和检验记录,并要求承包商配置足够的备品备件以保证旧施工设备的正常运行。

5．施工方法和措施的控制

在施工招标投标阶段,承包商根据标书中表明的施工任务、技术要求、施工工期及施工现场的自然条件,结合本单位的人员、机械设备、技术水平和经验,以及曾制订过的施工组织设计与施工技术措施设计,对承包工程作出总的部署。如果该承包商最终中标,这一施工组织设计与施工技术措施设计,也就成了施工承包合同文件的组成部分。但这个文件并不能用于指导承包商施工。根据相关规定,承包商应在收到开工通知后某一时期内,按规定提交主要工程建筑物的施工方法和措施。监理工程师认为有必要时,承包商应在规定的期限内,按监理工程师指示,提交单位工程的施工方法和措施,报送监理工程师审批。单位工程施工方法和措施的内容包括施工布置、施工工艺、施工程序、主要施工材料、设备和劳动力、质量检验和安全保证措施、施工进度计划等。

监理工程师对施工方法和措施的事先控制,就是对承包商报送的主要工程建筑物的施工方法和措施以及单位工程施工方法和措施作出合理的批示。

因为施工方法和措施对工程质量和进度有极其重要的影响,所以监理工程师在审批时必须充分地考虑各方面的影响因素,对承包商报送的施工方法和措施给予恰当的结论。按照《水利水电工程施工合同技术条款》(以下简称《技术条款》)规定,监理工程师的审批意见包括:

(1)同意按此执行。

(2)按修改意见执行。

(3)修改后重新递交。

(4)不予批准。

考虑到施工方法和措施对工程质量的重要性,监理工程师在审批时要考虑多方面因素,应针对水利工程的特点,依据合同文件建立一个施工方法和措施审批的评价体系,依据该体系按照一定的评价方法进行施工方案审查。

6.环境因素的质量控制

施工作业所处的环境条件,对于保证工程质量有重要影响,监理工程师在施工前应对施工环境条件及相应的准备工作质量进行检查与控制。控制的环境因素有以下三个方面。

(1)技术环境因素的控制

技术环境因素主要指水、电或动力供应、施工照明、安全防护设备、施工场地空间条件和通道以及交通运输和道路条件等。这些条件是否良好,直接影响到施工能否顺利进行,影响到施工质量。如水、电供应中断,可能导致混凝土浇筑的中断而造成冷缝。所以,监理工程师应事先检查承包商对技术环境条件方面的有关准备工作是否已做好安排和准备妥当,当确认其准备可靠、有效后,方准许其进行施工。

(2)施工质量管理环境因素的控制

监理工程师对施工管理环境的事先检查与控制的内容主要包括:承包商的质量管理、质量保证体系和质量控制自检系统是否处于良好的状态;系统的组织结构、检测制度、人员配备等方面是否完善和明确;准备使用的质量检测、试验和计量等仪器、设备和仪表是否能满足要求,是否处于良好的可用状态,有无合格的证明和率定表;仪器、设备的管理是否符合有关的法规规定;外送委托检测、试验的机构资质等级是否符合要求等。

（3）自然环境因素的控制

监理工程师应检查承包商,对于未来的施工期间,自然环境条件可能出现对施工作业质量的不利影响时,是否事先已有充分的认识并已做好充足的准备和采取了有效措施与对策,以保证工程质量。如严寒季节的防冻;施工场地的防洪与排水等。

（二）监理工程师的事前质量控制

1.监理工程师事前质量控制计划

对承包商准备工作质量的控制即对质量影响因素的控制,不仅是针对某个合同项目在施工阶段所进行的事前控制,对该合同项目的每一分项工程（水利工程以单元工程作为质量评定的基础,分项工程即为质量评定中的单元工程）在施工前亦应进行 4M1E 的事前控制。由上文所述内容可知,监理工程师对 4M1E 的事前控制主要从两个方面进行,一方面是对承包商报送的计划进行审批;另一方面是对承包商的进场报告进行审核。无论是审批计划,还是审核进场情况,监理工程师必须依据质量目标来进行。所以,监理工程师在施工前必须建立质量控制计划。监理工程师依据该项目的合同文件、监理规划、承包商的有关计划、事前质量控制内容等制订质量控制计划,该计划应包括下述两方面的内容。

（1）施工质量目标计划

施工质量目标尽管在初步设计和施工图设计中已做了规划,但比较分散,难以满足施工质量控制的需要。因此,监理工程师需要根据工程具体情况使其系统化、具体化,并做详细描述。质量目标具体化,根据质量影响因素,可分为以下几项进行。

①承包商人员质量目标。根据本工程的特点、承包商报送的施工组织设计等,监理工程师应分析为满足质量、进度要求,承包商应配备的主要管理人员及技术人员,做到在审批计划时,心中有数。

②建筑材料质量目标。按照分项工程列出所使用的材料,并根据《技术条款》及其所引用的有关规范、规定等的要求,提出具体的质量要求。

③工程设备质量目标。根据《技术条款》及其所引用的有关规范、规定等的要求,提出具体的质量要求。

④土建施工质量目标。根据《技术条款》、施工验收规范和质量检验评定标准的规定,对每个分项(单元)工程提出施工质量要求。

⑤设备安装质量目标。根据《技术条款》、施工验收规范和质量检验评定标准的规定,对每种设备的安装提出质量要求。

⑥施工机械设备质量目标。根据本工程特点、承包商报送的施工组织设计等,监理工程师经过分析,得出对承包商施工机械的数量、型号、主要性能参数等要求,以保证施工质量。

⑦环境因素的质量目标。根据本工程特点、承包商报送的施工组织设计,依据合同文件建立质量要求。

⑧施工质量目标是建立质量目标数据库的基础,质量目标数据库是水利工程质量控制信息系统的重要组成部分。

（2）施工质量控制体系组织形式的规划

根据施工项目的构成、施工发包方式、施工项目的规模,以及工程承包合同中的有关规定,建立监理工程师质量控制体系的组织形式。监理工程师质量控制的组织形式有以下 3 种。

①纵向组织形式。一个合同项目应设置专职的质量控制工程师,大多数情况下,质量控制工程师由工程师代表兼任。然后再按分项合同或子项目设置质量控制工程师,并分别配备适当的专业工程师。根据需要,在各工作面上配有质量监理员。

②横向组织形式。一个合同项目设置专职的质量控制工程师。下面再按专业配备质量控制工程师,全面负责各子项目的质量控制工作。

③混合组织形式。这种组织形式是纵向组织形式与横向组织形式的组合体。每一子项目配置相应的质量控制工程师,整个合同项目配备各专业工程师。各专业工程师负责所有子项目相应的质量控制任务。

根据该工程的特点,选择适宜的质量控制体系的组织形式,将质量控制任务具体化,使质量控制有效地进行。

2.施工图纸的审查和发放

施工图纸是建设项目施工的合法依据,也是监理工程师进行质量检查的依据。施工图纸的来源分两种情况:第一种情况是业主在招标时提供一套"招标设计图",它是由设计单位在招标设计的基础上提供的。在签订施工承包合同后,再由设计单位提供一套施工详图;业主在签订施工承包合同后,由施工承包商根据招标设计图、设计说明书和合同技术条款,自行设计施工详图。第二种情况在国内较少采用,最多让施工承包商负责局部的或简单的次要建筑物的设计。不管是由设计单位设计还是由施工承包商设计,监理工程师都要对施工图进行审查和发放。

(1)施工图的审查

施工图的审查一般有两种方式,一是由负责该项目的监理工程师进行审查,这种方式适用于一般性的或者普通的图纸;二是针对工程的关键部位,隐蔽工程或者是工程的难点、重点或有争议的图纸,采用会审的方式,即由业主、监理工程师、设计单位、施工承包商会审。图纸会审由监理工程师主持,由设计单位介绍设计意图、设计特点、对施工的要求和关键技术问题,以及对质量、工艺、工序等方面的要求。设计者应对会审时其他方面的代表提出的问题用书面形式予以解释,对施工图中已发现的问题和错误,及时修改,提供施工图纸的修改图。

(2)施工图的发放

由于水利工程技术复杂、设计工作量大,施工图往往是由设计单位分期提供的。监理工程师在收到施工图后,经过审查,确认图纸正确无误后,由监理工程师签字,作为"工程师图纸"下达给施工承包商,施工图即正式生效,施工承包商就可按"工程师图纸"进行施工。

三、事中质量控制

工程实体质量是在施工过程中形成的,施工过程中质量的形成受各种因素的影响,因此,施工过程的质量控制是施工阶段工程质量控制的重点。而施工过程是由一系列相互关联、相互制约的施工工序组成的,它们

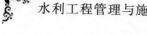

的质量是施工项目质量的基础,因此,施工过程的质量控制必须落实到每项具体的施工工序的质量控制。

(一)工序质量控制内容

工序质量控制主要包括两个方面,对工序活动条件的控制和对工序活动效果的控制。

1.工序活动条件的质量控制

工序活动条件的质量控制,即对投入每道工序的4M1E进行控制。尽管在事前控制中进行了初步控制,但在工序活动中有的条件可能会发生变化,其基本性能可能达不到检验指标,这就使生产过程的质量出现不稳定的情况。所以必须对4M1E在整个工序活动中加以控制。

2.工序活动效果的质量控制

工序活动效果的质量控制主要反映在对工序产品质量性能的特征指标的控制。即对工序活动的产品采取一定的检测手段进行检验,根据检验结果分析、判断该工序活动的质量(效果)。

工序活动条件的质量控制和工序活动效果的质量控制两者是互为关联的,工序质量控制就是通过对工序活动条件和工序活动效果的控制,达到对整个施工过程的质量控制。

(二)监理工程师的工序质量控制

1.工序质量控制计划

在整个项目施工前,监理工程师应对施工质量控制做出计划,但这种计划一般较粗略,在每一分部分项工程施工前还应根据工序质量控制流程制订详细的施工工序质量控制计划。施工工序质量控制计划包括质量控制点的确定和工序质量控制计划。

(1)工序质量控制流程

当一个分部分项的开工申请单经监理工程师审核同意后,承包商可按图纸、合同、规范、施工方案等的要求开始施工。

(2)质量控制点的确定

质量控制点是为了保证施工质量必须控制的重点工序、关键部位或薄弱环节。设置质量控制点,是对质量进行预控的有效措施。施工承包商在施工前应根据工程的特点和施工中各环节或部位的重要性、复杂性、精确性,全面、合理地选择质量控制点。监理工程师应对承包商设置质量控制点的情况和拟采取的控制措施进行审核。审核后,承包商应进行质量控制点控制措施设计,并交监理工程师审核,批准后方可实施。监理工程师应根据批准的承包商的质量控制点控制措施,建立监理工程师质量控制点控制计划。

（3）工序质量控制计划

根据已确定的质量控制点和工序质量控制内容,监理工程师应制订工序质量控制计划。质量控制计划包括工序（特别是质量控制点）活动条件质量控制计划和工序活动效果质量控制计划。

工序活动条件质量控制计划。以工序（特别是质量控制点）为对象,对工序的质量影响因素 4M1E 所进行的控制工作进行详细计划。例如,控制该工序的施工人员:根据该工序的特点,施工人员应当具备什么条件,监理工程师需要查验哪些证件等应先做出计划;控制工序的材料:在施工过程中,要投入哪些材料,应检查这些材料的哪些特性指标等做出计划;控制施工操作或工艺过程:在工序施工过程中,根据《水利工程施工合同技术条款》的要求及确定的质量控制点,需对哪些工序进行旁站,在旁站时监督和控制施工及检验人员按什么样的规程或工艺标准进行施工等应做出计划;控制施工机械:在工序施工过程中,施工机械怎样处于良好状态,需检测哪些参数等做出计划。总之,监理工程师应充分考虑各种影响因素,对控制内容做出详细的计划,做到控制工作心中有数。

工序活动效果质量控制计划。工序活动效果通过工序产品质量性能的指标来体现。针对该工序,需测定哪些质量特征值、按照什么样的方法和标准来取样等应做出计划。

2. 工序活动条件的控制

对影响工序产品质量的各因素的控制不仅在开工前的事前控制中,而且应贯穿整个施工过程。监理工程师对于工序活动条件的控制,要注意各因素或条件的变化,按照控制计划进行。

3. 工序活动效果的控制

按照工序活动效果质量控制计划,取得反映工序活动效果质量特征的质量数据,利用质量分析工具得出质量特征值数据的分布规律,根据该分布规律来判定工序活动是否处于稳定状态。当工序处于非稳定状态,就必须命令承包商停止进入下道工序,并分析引起工序异常的原因,采取措施进行纠正,从而实现对工序的控制。

四、事后质量控制

事后质量控制是指完成施工过程而形成产品的质量控制,其工作内容包括:审核竣工资料;审核承包商提供的质量检验报告及有关技术性文件;整理有关工程项目质量的技术文件,并编目、建档;评价工程项目质量状况及水平;组织联动试车等。

工程质量评定和工程验收是进行事后质量控制的主要内容。工程质量评定,即依据某一质量评定的标准和方法,对照施工质量具体情况,确定其质量等级的过程。对水利工程,要求按照水利部颁发的《水利水电工程施工质量检验与评定规程》进行质量评定。

工程验收是在工程质量评定的基础上,依据一个既定的验收标准,采取一定的手段来检验工程产品的特性是否满足验收标准的过程。质量评定和质量验收的应用软件,国内开发已比较成熟,作为一个完整的质量控制信息系统,在系统开发时,可将质量评定和质量验收作为独立的子系统,直接借用国内已成熟的软件的内容。

第四章 水利工程项目成本管理

第一节 水利工程项目成本管理概述

一、成本管理

(一)成本管理的概念

成本管理,通常在习惯上被称为成本控制。所谓控制,在字典里的定义是命令、指导、检查或限制的意思。它是指系统主体采取某种力所能及的强制性措施,促使系统构成要素的性质数量及其相互间的功能联系按照一定的方式运行,以便达到系统目标的管理过程。而成本管理是企业生产经营过程中各项成本核算、成本分析、成本决策和成本控制等一系列科学管理行为的总称,具体是指在生产经营成本形成的过程中,对各项经营活动进行指导、限制和监督,使之符合有关成本的各项法令、方针、政策、目标、计划和定额等的规定,并及时发现偏差予以纠正,使各项具体的和全部的生产耗费被控制在事先规定的范围之内。成本管理一般有成本预测、成本决策、成本计划、成本核算、成本控制、成本分析、成本考核等职能。

1.狭义的成本管理

成本管理有广义和狭义之分。狭义的成本管理是指日常生产过程中的产品成本管理,是根据事先制定的成本预算,对日常发生的各项生产经营活动按照一定的原则,采用专门方法进行严格的计算、监督、指导和调节,把各项成本控制在一个允许的范围之内。狭义的成本管理又被称为"日常成本管理"或"事中成本管理"。

2.广义的成本管理

广义的成本管理则强调对企业生产经营的各个方面、各个环节以及各个阶段的所有成本的控制,既包括"日常成本管理",又包括"事前成本管理"和"事后成本管理"。广义的成本管理贯穿企业生产经营全过程,它与成本预测、成本决策、成本规划、成本考核共同构成了现代成本管理系统。传统的成本管理是适应大工业革命的出现而产生和发展的,其中的标准成本法、变动成本法等方法得到了广泛的应用。

(二)现代的成本管理

随着新经济的发展,人们不仅对产品在使用功能方面提出了更高的要求,还强调在产品中能体现使用者的个性化。在这种背景下,现代的成本管理系统应运而生,无论是在观念还是在所运用的手段方面,其都与传统的成本管理系统有着显著的差异。从现代成本管理的基本理念看,主要表现在如下几项。

1.成本动因的多样化

成本动因的多样化即成本动因是引起成本发生变化的原因。要对成本进行控制,就必须了解成本为何发生,它与哪些因素有关、有何关系。

2.时间是一个重要的竞争要素

在价值链的各个阶段中,时间都是一个非常重要的因素,很多行业和各项技术的发展变革速度已经加快,产品的生命周期变得很短。在竞争激烈的市场上,要获得更多的市场份额,企业管理人员必须能够对市场的变化做出快速反应,投入更多的成本用于缩短设计、开发和生产时间,以缩短产品上市的时间。另外,时间的竞争力还表现在顾客对产品服务的满意程度上。

3.成本管理全员化

成本管理全员化即成本控制不单单是控制部门的一种行为,而是已经变成一种全员行为,是一种由全员参与的控制过程。从成本效能看,以成本支出的使用效果来指导决策,成本管理从单纯地降低成本向以尽可能少的成本支出来获得更大的产品价值转变,这是成本管理的高级形态。同时,成本管理以市场为导向,将成本管理的重点放在面向市场的设计阶段和销售服务阶段。

企业在市场调查的基础上,针对市场需求和本企业的资源状况,对产品和服务的质量、功能、品种及新产品、新项目开发等提出需要,并对销量、价格、收入等进行预测,对成本进行估算,研究成本增减或收益增减的关系,确定有利于提高成本效果的最佳方案。

实行成本领先战略,强调从一切来源中获得规模经济的成本优势或绝对成本优势。重视价值链分析,确定企业的价值链后,通过价值链分析,找出各价值活动所占总成本的比例和增长趋势,以及创造利润的新增长,识别成本的主要成分和那些占有较小比例而增长速度较快、最终可能改变成本结构的价值活动,列出各价值活动的成本驱动因素及相互关系。同时,通过价值链的分析,确定各价值活动间的相互关系,在价值链系统中寻找降低价值活动成本的信息、机会和方法;通过价值链分析,可以获得价值链的整个情况及环与环之间的链的情况,再利用价值流分析各环节的情况,这种基于价值活动的成本分析是控制成本的一种有效方式,能为改善成本管理提供信息。

二、水利工程项目成本的分类

根据建筑产品的特点和成本管理的要求,项目成本可按不同的标准和应用范围进行分类。

(一)按成本计价的定额标准分类

按照成本计价的定额标准分类,水利工程项目成本可以分为预算成本、计划成本和实际成本。

1. 预算成本

预算成本是按建筑安装工程实物量和国家或地区或企业制定的预算定额及取费标准计算的社会平均成本或企业平均成本,是以施工图预算为基础进行分析、预测、归集和计算确定的。预算成本包括直接成本和间接成本,是控制成本支出、衡量和考核项目实际成本节约或超支的重要尺度。

2. 计划成本

计划成本是在预算成本的基础上,根据企业自身的要求,如内部承包合同的规定,结合施工项目的技术特征、自然地理特征、劳动力素质、设备情况等确定的标准成本,亦称目标成本。计划成本是控制施工项目成本支出的标准,也是成本管理的目标。

3. 实际成本

实际成本是工程项目在施工过程中实际发生的可以列入成本支出的各项费用的总和,是工程项目施工活动中劳动耗费的综合反映。

以上各种成本的计算既有联系,又有区别。预算成本反映施工项目的预计支出,实际成本反映施工项目的实际支出。实际成本与预算成本相比较,可以反映对社会平均成本(或企业平均成本)的超支或节约,综合体现了施工项目的经济效益;实际成本与计划成本的差额即项目的实际成本降低额,实际成本降低额与计划成本的比值称为实际成本降低率;预算成本与计划成本的差额即项目的计划成本降低额,计划成本降低额与预算成本的比值称为计划成本降低率。通过几种成本的相互比较,可以看出成本计划的执行情况。

(二)按计算项目成本对象的范围分类

施工项目成本可分为建设项目工程成本、单项工程成本、单位工程成本、分部工程成本和分项工程成本。

1. 建设项目工程成本

建设项目工程成本是指在一个总体设计或初步设计范围内,由一个或几个单项工程组成,经济上独立核算,行政上实行统一管理的建设单位,建成后可独立发挥生产能力或效益的各项工程所发生的施工费用的总和。

2.单项工程成本

单项工程成本是指具有独立的设计文件,在建成后可独立发挥生产能力或效益的各项工程所发生的施工费用。

3.单位工程成本

单位工程的成本是指单项工程内具有独立的施工图和独立施工条件的工程施工中所发生的施工费用。

4.分部工程成本

分部工程成本是指单位工程内按结构部位或主要工种部分进行施工所发生的施工费用。

5.分项工程成本

分项工程成本是指分部工程中划分最小施工过程施工时所发生的施工费用。

(三)按工程完成程度的不同分类

施工项目成本分为本期施工成本、本期已完成施工成本、未完成施工成本和竣工施工成本。

1.本期施工成本

本期施工成本是指施工项目在成本计算期间进行施工所发生的全部施工费用,包括本期完工的工程成本和期末未完工的工程成本。

2.本期已完成施工成本

本期已完成施工成本是指在成本计算期间已经完成预算定额所规定的全部内容的分部分项工程成本。包括上期未完成由本期完成的分部分项工程成本,但不包括本期期末的未完成分部分项工程成本。

3.未完成施工成本

未完成施工成本是指已投料施工,但未完成预算定额规定的全部工序和内容的分部分项工程所支付的成本。

4.竣工施工成本

竣工施工成本是指已经竣工的单位工程从开工到竣工整个施工期间所支出的成本。

(四)按生产费用与工程量的关系分类

按照生产费用与工程量的关系分类,可以将水利工程项目成本分为固定成本和变动成本。

1.固定成本

固定成本是指在一定期间和一定的工程量范围内,发生的成本额不受工程量增减变动的影响而相对固定的成本,如折旧费、大修理费、管理人员工资、办公费等。对于分配到每个项目单位工程量上的固定成本,则与工程量的增减成反比关系。

固定成本通常又分为选择性成本和约束性成本。选择性成本是指广告费、培训费、新技术开发费等,这些费用的支出无疑会带来收入的增加,但支出的数量却并非绝对不可变;约束性成本是通过决策也不能改变其数额的固定成本,如折旧费、管理人员工资等。

要降低约束性成本,只有从经济合理地利用生产能力、提高劳动生产率等方面入手。

2.变动成本

变动成本是指发生总额随着工程量的增减变动而成正比变动的费用,如直接用于工程的材料费、实行计划工资制的人工费等。单位分项工程上的变动成本往往是不变的。

将施工成本划分为固定成本和变动成本,对于成本管理和成本决策具有重要作用,也是成本控制的前提条件。由于固定成本是维持生产能力所必需的费用,要降低单位工程量分担的固定费用,可以通过提高劳动生产率、增加企业总工程量数额以及降低固定成本的绝对值等途径来实现;降低变动成本则只能从降低单位分项工程的消耗定额入手。

三、水利工程项目成本管理的职能及地位

(一)水利工程项目成本管理的职能

水利工程项目成本管理是水利工程项目管理的一个重要内容。水利工程项目成本管理是收集、整理有关水利工程项目的成本信息,并利用成本信息对相关项目进行成本控制的管理活动。水利工程项目成本管理包括提供成本信息、利用成本信息进行成本控制两大活动领域。

1.提供水利工程项目的成本信息

提供成本信息是施工项目成本管理的首要职能。成本管理为以下两方面的目的提供成本信息。

(1)为财务报告目的提供成本信息。施工企业编制对外财务报告至少在两个方面需要施工项目的成本信息:资产计价和损益计算。施工企业编制对外财务报表,需要对资产进行计价确认,这一工作的相当一部分是由施工项目成本管理来完成的。如库存材料成本、未完工程成本、已完工程成本等,要通过施工项目成本管理的会计核算加以确定。施工企业的损益是收入和相关的成本费用配比以后的计量结果,损益计算所需要的成本资料主要通过施工项目成本管理取得。为财务报告目的提供的成本信息,要遵循财务会计准则和会计制度的要求,按照一般的会计核算原理组织施工项目的成本核算。为此目的所进行的成本核算,具有较强的财务会计特征,属于会计核算体系的内容之一。

(2)为经营管理目的提供成本信息。经营管理需要各种成本信息,这些成本信息,有些可以通过与财务报告目的相同的成本信息得到满足,如材料的采购成本、已完工程的实际成本等。这类成本信息可以通过成本核算来提供。有些成本信息需要根据经营管理所设计的具体问题加以分析计算,如相关成本、责任成本等。这类成本信息要根据经营管理中所关心的特定问题,通过专门的分析计算加以提供。为经营管理提供的成本信息,一部分来源于成本核算提供的成本信息,一部分要通过专门的方法对成本信息进行加工整理。经营管理中所面临的问题不同,所需要的成

本信息也有所不同。为了不同的目的,成本管理需要提供不同的成本信息。"不同目的,不同成本"是施工项目成本管理提供成本信息的基本原则。

2.水利工程项目成本控制

水利工程项目成本管理的另一个重要职能就是对工程项目进行成本控制。按照控制的一般原理,成本控制至少要涉及设定成本标准、实际成本的计算和评价管理者业绩三个方面的内容。从水利工程项目成本管理的角度,这一过程是由确定工程项目标准成本、标准成本与实际成本的差异计算、差异形成原因的分析这三个过程来完成的。

随着水利工程项目现代化管理的发展,工程项目成本控制的范围已经超过了设定标准、差异计算、差异分析等内容。水利工程项目成本控制的核心思想是通过改变成本发生的基础条件来降低工程项目的工程成本。为此,就需要预测不同条件下的成本发展趋势,对不同的可行方案进行分析和选择,采取更为广泛的措施控制水利工程项目成本。

总之,水利工程项目成本管理的职能体现在提供成本信息和实施成本控制两个方面,可以概括为水利工程项目的成本核算和成本控制。

(二)水利工程项目成本管理在水利工程项目管理中的地位

随着水利工程项目管理在广大建筑施工企业中逐步推广普及,项目成本管理的重要性也日益为人们所认识。可以说,项目成本管理正在成为水利工程项目管理向深层次发展的主要标志和不可缺少的内容。

1.水利工程项目成本管理体现水利工程项目管理的本质特征

建筑施工企业作为我国建筑市场中独立的法人实体和竞争主体,之所以要推行项目管理,原因就在于希望通过水利工程项目管理,彻底突破传统管理模式,以满足业主对建筑产品的需求为目标,以创造企业经济效益为目的。成本管理工作贯穿于水利工程项目管理的全过程,施工项目管理的一切活动实际也是成本活动,没有成本的发生和变化,施工项目管理的生命周期随时可能中断。

2.水利工程项目成本管理反映施工项目管理的核心内容

水利工程项目管理活动是一个系统工程,包括工程项目的质量、工期、安全、资源、合同等各方面的管理工作,这一切的管理内容,无不与成本的管理息息相关。与此同时,各项专业管理活动的成果又决定着水利工程项目成本的高低。因此,水利工程项目成本管理的好坏反映了水利工程项目管理的水平,成本管理是项目管理的核心内容。水利工程项目成本若能通过科学、经济的管理达到预期的目的,则能带动水利工程项目管理乃至整个企业管理水平的提高。

第二节　水利工程建设项目成本控制的方法研究

一、建立全员、全过程、全方位控制的目标成本管理体系

要使企业成本管理工作落到实处,降低工程成本、提高企业效益,必须建立一套全员、全过程、全方位控制的目标成本管理体系,做到每个员工都有目标成本可考核,每个员工都必须对目标成本的实施和提高做出贡献并对目标成本的实施结果负有责任和义务,使成本的控制按工程项目生产的准备、施工、验收、结束等发生的时间顺序建立目标成本事前测算;事中监督、执行;事后分析、考核、决策的全过程紧密衔接及周而复始的目标成本管理体系。

二、采取组织措施控制水利工程建设成本

首先要明确成本控制贯穿于水利工程建设的全过程,而成本控制的各项指标有其综合性和群众性,所有的项目管理人员,特别是项目经理,都要按照自己的业务分工各负其责,只有把所有的人员组织起来,共同努力,才能达到成本控制的目的。因此必须建立以项目经理为核心的项目成本控制体系。

成本管理是全企业的活动,为使项目成本消耗保持在最低限度,实现

对项目成本的有效控制,项目经理应将成本责任落实到各个岗位、落实到专人,对成本进行全过程控制、全员控制、动态控制,形成一个分工明确、责任到人的成本管理责任体系。应协调好公司与公司之间的责、权、利的关系。同时,要明确成本控制者及任务,从而使成本控制有人负责。同时还可以设立项目部成本风险抵押金,激励管理人员参与成本控制,这样就大大地提高了项目部管理人员控制成本的积极性。

三、水利工程项目招标投标阶段的成本控制

水利工程建设项目招标活动中,各项工作的完成情况均对工程项目成本产生一定的影响,尤其是招标文件编制、标底或招标控制价编制与审查。

(一)做好招标文件的编制工作

造价管理人员应收集、积累、筛选、分析和总结各类有价值的数据及资料,对影响工程造价的各种因素进行鉴别、预测、分析、评价,然后编制招标文件。对招标文件中涉及费用的条款要反复推敲,尽量做到"知己知彼"。

(二)合理低价者中标

目前推行的工程量清单计价报价与合理低价中标,作为业主方应杜绝一味寻求绝对低价中标,以避免投标单位以低于成本价恶意竞争。做好合同的签订工作,应按合同内容明确协议条款,对合同中涉及费用的如工期、价款的结算方式、违约争议处理等,都应有明确的约定。此外,应争取工程保险、工程担保等风险控制措施,使风险得到适当转移、有效分散和合理规避,提高工程造价的控制效果。

四、采用先进工艺和技术,以降低成本

水利工程在施工前,要确定施工技术规章制度,特别是在节约措施方面,要采用适合本工程的新技术、新设备和新材料。认真对工程的各个方面进行技术告知,严格执行技术要求,确保工程质量和工程安全。通过这

些措施可以保证工程质量,控制工程成本,还可以达到降低工程成本的目的。建筑承包商在签订承包协议后,应该马上开始准备有关工程的承包和材料订购事宜。承包商与分包商所签署的协议要明确各自的权利和义务,内容要完善严谨,这样可以降低发生索赔的概率。订货合同是承包各方所签订的合同,要写明材料的类别、名称、数量和总额,方便水利工程成本控制。

五、完善合同文本,避免法律损失以及保险的理赔

施工项目的各种经济活动,都是以合同或协议的形式出现,如果合同条款不严谨。就会造成自己蒙受损失时应有的索赔条款不能成立,产生不必要的损失。所以必须细致周密地订立严谨的合同条款。首先,应有相对固定的经济合同管理人员,并且精通经济合同法规有关知识,必要时应持证上岗;其次,应加强经济合同管理人员的工作责任心;最后,要制订相应固定的合同标准格式。各种合同条款在形成之前应由工程、技术、合同、财务、成本等业务部门参与定稿,使各项条款内涵清楚。

六、加强机械设备的管理

正确选配和合理使用机械设备,搞好机械设备的保养维修,提高机械的完好率、利用率和使用效率,从而加快水利工程施工进度、增加产量、降低机械使用费。在决定购置设备前应进行技术经济可行性分析,对设备购买和租赁方案进行经济比选,以取得最佳的经济效益。项目部编制施工方案时,必须在满足质量、工期的前提下,合理使用施工机械,力求使用机械设备最少和机械使用时间最短,最大程度发挥机械利用效率。应当做好机械设备维修保养工作,操作人员应坚持搞好机械设备的日常保养,使机械设备经常保持良好状态。专业修理人员应根据设备的技术状况、磨损情况、作业条件、操作维修水平等情况,进行中修或大修,以保障施工机械的正常运转使用。

七、加强材料费的控制

严格按照物资管理控制程序进行材料的询价、采购、验收、发放、保管、核算等工作。采购人员按照施工人员的采购计划,经主管领导批准后,通过对市场行情进行调查研究,在保质保量的前提下,货比三家,择优购料(大宗材料实施公司物资部门集中采购的制度)。主要工程材料必须签订采购合同后实施采购。合理组织运输,就近购料,选用最经济的运输方法,以降低运输成本,考虑资金的时间价值,减少资金占用,合理确定进货批量和批次,尽可能降低材料储备。

坚持实行限额领料制度,各班组只能在规定限额内分期分批领用,如超出限额领料,要分析原因,及时采取纠正措施,低于定额用料,则可以进行适当的奖励;改进施工技术,推广使用降低消耗的各种新技术、新工艺、新材料;在对工程进行功能分析、对材料进行性能分析的基础上,力求用价格低的材料代替价格高的。同时认真计量验收,坚持废旧物资处理审批制度,降低料耗水平;对分包队伍领用材料坚持三方验证后签字领用,及时转嫁现场管理风险。

总之,进行项目成本管理,可以改善经营管理,合理补偿施工耗费,保证企业再生产的进行,提升企业整体竞争力。建筑施工企业应加强工程安全、质量管理,控制好施工进度,努力寻找降低工程项目成本的方法和途径,使建筑施工企业在竞争中立于不败之地。

第五章 水利工程施工导流技术

第一节 施工导流的基本知识

一、导流设计流量的确定

(一)导流标准

确定导流设计流量是施工导流的前提和保证,只有在保证施工安全的前提下才能进行施工导流。导流设计流量取决于洪水频率标准。

施工期遭遇洪水是一个随机事件。如果导流设计标准太低,则不能保证工程的施工安全;反之,则导流工程设计规模过大,不仅增加导流费用,而且可能因规模太大而无法按期完工,造成工程施工的被动局面。因此,导流设计标准的确定,实际上是要在经济性与风险性之间寻求平衡。

根据《水利水电工程施工组织设计规范》(SL303—2017),在确定导流设计标准时,应先根据导流建筑物的保护对象、使用年限、失事后果和工程规模等因素,将导流建筑物确定为3~5级,具体按相关规定确定,再根据导流建筑物级别及导流建筑物类型确定导流标准。

当导流建筑物根据相关规定指标分属不同级别时,导流建筑物的级别应以其最高级别为准。但当列为3级导流建筑物时,至少应有两项指标符合要求;当不同级别的导流建筑物或同级导流建筑物的结构形式不同时,应分别确定洪水标准、堰顶超高值和结构设计安全系数;导流建筑物级别应根据不同的施工阶段按相关规定划分,同一施工阶段中的各导流建筑物的级别应根据其不同作用划分;各导流建筑物的洪水标准必须相同,一般以主要挡水建筑物的洪水标准为准;当利用围堰挡水发电时,围堰级别可提高一级,但必须经过技术经济论证;当导流建筑物与永久性建筑物结合时,结合部分结构设计应采用永久性建筑物级别标准,但导流设计级别与洪水标准仍按相关规定执行。

当4～5级导流建筑物地基的地质条件非常复杂,或工程具有特殊要求必须采用新型结构,或失事后淹没重要厂矿、城镇时,其结构设计级别可以提高一级,但设计洪水标准不相应提高。

导流建筑物设计洪水标准应根据建筑物的类型和级别按相关规定选择,并结合风险度综合分析,使所选择标准经济合理。对失事后果严重的工程,要考虑对超标准洪水的应急措施。导流建筑物洪水标准在下述情况下可采用相关规定中的上限值。

(1)河流水文实测资料系列较短(少于 20 年),或工程处于暴雨中心区。

(2)采用新型围堰结构形式。

(3)处于关键施工阶段,失事后可能导致严重后果。

(4)工程规模、投资和技术难度的上限值与下限值相差不大。

(5)在导流建筑物级别划分中属于本级别上限。

当枢纽所在河段上游建有水库时,导流设计采用的洪水标准应考虑上游梯级水库的影响及调蓄作用。

过水围堰的挡水标准应结合水文特点、施工工期、挡水时段,经技术经济比较后,在重现期3～20年内选定。当水文系列较长(不少于 30 年)时,也可按实测流量资料分析选用。

过水围堰级别按各项指标以过水围堰挡水期情况作为衡量依据。围堰过水时的设计洪水标准应根据过水围堰的级别和规定选定。当水文系列较长(不少于 30 年)时,也可按实测典型年资料分析并通过水力学计算或水工模型试验选用。

(二)导流时段划分

导流时段就是按照导流程序划分的各施工阶段的延续时间。我国一般河流全年的流量变化过程分为枯水期、中水期和洪水期。在不影响主体工程施工的条件下,若导流建筑物只担负非洪水期的挡水泄水任务,显然可以大大减少导流建筑物的工程量,改善导流建筑物的工作条件,具有明显的技术经济效益。因此,合理划分导流时段,明确不同导流时段建筑物的工作条件,是安全、经济地完成导流任务的基本要求。

导流时段的划分与河流的水文特征、水工建筑物的形式、导流方案、施工进度有关。土坝、堆石坝和支墩坝一般不允许过水,当施工进度能够保证在洪水来临前完工时,导流时段可按洪水来临前的施工时段为标准,导流设计流量即洪水来临前的施工时段内按导流标准确定的相应洪水重现期的最大流量。但是当施工期较长,洪水来临前不能完工时,导流时段就要考虑以全年为标准,其导流设计流量就是以导流设计标准确定的相应洪水期的年最大流量。

山区型河流的特点是洪水期流量特别大,历时短,而枯水期流量特别小,因此水位变幅很大。若按一般导流标准要求设计导流建筑物,则须将挡水围堰修得很高或者泄水建筑物的尺寸设计得很大,这样显然是很不经济的。可以考虑采用允许基坑淹没的导流方案,即大水来时围堰过水,基坑被淹没,河床部分停工,待洪水退落、围堰挡水时再继续施工。因为基坑淹没引起的停工时间不长,施工进度依然能够得到保证,而导流总费用(导流建筑物费用与淹没基坑费用之和)又较少,所以比较合理。

二、施工导流方案的选择

水利枢纽工程的施工,从开工到完工往往不是采用单一的导流方法,而是几种导流方法组合起来配合运用,以取得最佳的技术经济效果。例如,三峡工程采用分期导流方式,分三期进行施工,第一期土石围堰围护右岸汊河,江水和船舶从主河槽通过;第二期围护主河槽,江水经导流明渠泄向下游;第三期修建碾压混凝土围堰拦断明渠,江水经泄洪坝段的永久深孔和 22 个临时导流底孔下泄。这种不同导流时段、不同导流方法的组合,通常称为导流方案。

导流方案的选择应根据不同的环境、目的和因素等综合确定。合理的导流方案,必须在周密地研究各种影响因素的基础上,拟订几个可能的方案,进行技术经济比较,从中选择技术经济指标优越的方案。

选择导流方案时考虑的主要因素如下。

(一)水文条件

水文条件是选择施工导流方案时考虑的首要因素。全年河流流量的变化情况、每个时期的流量大小和时间长短、水位变化的幅度、冬季的流冰及冰冻情况等,都是影响导流方案的因素。一般来说,对于河床单宽流量大的河流,宜采用分段围堰法导流。对于枯水期较长的河流,可以充分利用枯水期安排工程施工。对于流冰的河流,应充分注意流冰宣泄问题,以免流冰壅塞,影响泄流,造成导流建筑物失事。

(二)地质条件

河床的地质条件对导流方案的选择与导流建筑物的布置有直接影响。若河流两岸或一岸岩石坚硬且有足够的抗压强度,则有利于选用隧洞导流。如果岩石的风化层破碎,或有较厚的沉积滩地,则选择明渠导流。河流的窄深与导流方案的选择也有直接的关系。当河道窄时,其过水断面的面积必然有限,水流流过的速度增大。对于岩石河床,其抗冲刷能力较强。河床允许束窄程度甚至可达到 88%,流速增加到 7.5m/s,但覆盖层较厚的河床的抗冲刷能力较差,其束窄程度不到 30%,流速仅允许达到 3.0m/s。此外,围堰形式的选择、基坑是否允许淹没、能否利用当地材料修筑围堰等,也都与地质条件有关。

(三)水工建筑物的形式及其布置

水工建筑物的形式和布置与导流方案相互影响,因此在决定建筑物的形式和枢纽布置时,应该同时考虑并拟订导流方案,而在选定导流方案时,又应该充分利用建筑物形式和枢纽布置方面的特点。若枢纽组成中有隧洞、涵管、泄水孔等永久泄水建筑物,在选择导流方案时应尽可能利用。在设计永久泄水建筑物的断面尺寸及其布置位置时,也要充分考虑施工导流的要求。

就挡水建筑物的形式来说,土坝、土石混合坝和堆石坝的抗冲刷能力弱,除采取特殊措施外,一般不允许从坝身过水,所以多利用坝身以外的泄水建筑物(如隧洞、明渠等)或坝身范围内的泄水建筑物(如涵管等)来导流,这就要求在枯水期时将坝身抢筑到拦洪高程以上,以免水流漫顶,发生事故。对于混凝土坝,特别是混凝土重力坝,因其抗冲刷能力较强,允许流速达到 25m/s,故不但可以通过底孔泄流,而且可以通过未完工的坝身过水,这样导流方案选择的灵活性会大大增加。

(四)施工期间河流的综合利用

施工期间,为了满足通航、筏运、渔业、供水、灌溉或水电站运转等的要求,导流问题的解决变得更加复杂。在通航河流上大多采用分段围堰法导流。要求河流在束窄以后,河宽仍能便于船只的通行,水深要与船只吃水深度相适应,束窄断面的最大流速一般不得超过 2.0m/s。对于浮运木筏或散材的河流,在施工导流期间,要避免木材壅塞泄水建筑物或者堵塞束窄河床。在施工中后期,水库拦洪蓄水时,要注意满足下游供水、灌溉用水和水电站运行的要求,有时为了保证渔业的要求,还要修建临时的过鱼设施,以便鱼群洄游。

影响施工导流方案的因素有很多,但水文条件、地质条件、水工建筑物的形式及其布置、施工期间河流的综合利用是应考虑的主要因素。河谷形状系数在一定程度上综合反映地形地质情况,当该系数较小时表明河谷窄深,地质多为岩石。

三、围堰

围堰是施工导流中的临时建筑物,围起建筑施工所需的范围,保证建筑物能在干地施工。在施工导流结束后如果围堰对永久性建筑物的运行有妨碍等,应予以拆除。

(一)围堰的分类

围堰按其所使用材料的不同,可分为土石围堰、混凝土围堰、草土围堰、钢板桩格型围堰等。

围堰按其与水流方向的相对位置,可分为大致与水流方向垂直的横向围堰和大致与水流方向平行的纵向围堰。

围堰按其与坝轴线的相对位置,可分为上游围堰和下游围堰。

围堰按导流期间基坑淹没条件,可分为过水围堰和不过水围堰。过水围堰除需要满足一般围堰的基本要求外,还要满足堰顶过水的专门要求。

围堰按施工分期可分为一期围堰和二期围堰等。

在实际工程中,为了能充分反映某一围堰的基本特点,常以组合方式对围堰进行命名,如一期下游横向土石围堰、二期混凝土纵向围堰等。

(二)围堰的基本形式

1.不过水土石围堰

不过水土石围堰是水利水电工程中应用较广泛的一种围堰形式,其断面与土石坝相仿,通常用土和石渣(或砾石)填筑而成。它能充分利用当地材料或废弃的土石方,构造简单,施工方便,对地形地质条件要求低,可以在动水中、深水中、岩基上或有覆盖层的河床上修建。

2.混凝土围堰

混凝土围堰的抗冲刷能力与抗渗能力强,挡水水头高,断面尺寸较小,易于与永久性混凝土建筑物相连接,必要时还可以过水,因此应用比较广泛。在国外,采用拱形混凝土围堰的工程较多。在我国,贵州省的乌江渡、湖南省的凤滩等水利水电工程也采用过拱形混凝土围堰作为横向围堰,但多数还是以重力式围堰做纵向围堰,如我国的三门峡、丹江口、三峡工程的混凝土纵向围堰均为重力式混凝土围堰。

(1)拱形混凝土围堰

拱形混凝土围堰由于利用了混凝土抗压强度高的特点,与重力式混凝土围堰相比,断面较小,可节省混凝土工程量。拱形混凝土围堰一般适用于两岸陡峻、岩石坚实的山区河流,常采用隧洞及允许基坑淹没的导流方案。通常围堰的拱座是在枯水期的水面以上施工的。对围堰的基础处理,当河床的覆盖层较薄时,需进行水下清基;当河床的覆盖层较厚时,则可灌注水泥浆防渗加固。堰身的混凝土浇筑则要进行水下施工,在拱基两侧要回填部分砂砾料以便灌浆,形成阻水帷幕,因此难度较大。

(2)重力式混凝土围堰

采用分段围堰法导流时,重力式混凝土围堰往往可兼做第一期和第二期纵向围堰,两侧均能挡水,还能作为永久性建筑物的一部分,如隔墙、导墙等。纵向围堰需抵御高速水流的冲刷,所以一般均修建在岩基上。为保证混凝土的施工质量,一般可将围堰布置在枯水期出露的岩滩上。如果这样还不能保证干地施工,则通常需另修土石低水围堰加以围护。重力式混凝土围堰现在有普遍采用碾压混凝土浇筑的趋势,如三峡工程三期上游的横向围堰及纵向围堰均采用碾压混凝土浇筑。

重力式围堰可做成普通的实心式,与非溢流重力坝类似,也可做成空心式,如三门峡工程的纵向围堰。

3.草土围堰

草土围堰是一种草土混合结构,用多种捆草法修筑,是我国人民长期与洪水作斗争的智慧结晶,至今仍用于黄河流域的水利水电工程中。例如,黄河的青铜峡、盐锅峡、八盘峡水电站和汉江的石泉水电站都成功地应用过草土围堰。

草土围堰施工简单,施工速度快,可就地取材,成本低,还具有一定的抗冲刷、防渗能力,能适应沉陷变形,可用于软弱地基;但草土围堰不能承受较大水头,施工水深及流速也受到限制,草料还易于腐烂,一般水深不宜超过 6m,流速不超过 3.5m/s。草土围堰使用期约为两年。八盘峡工程修建的草土围堰最大高度达 17m,施工水深达 11m,最大流速 1.7m/s,堰高及水深突破了上述范围。

草土围堰适用于岩基或砂砾石基础。如河床大孤石过多,草土体易被架空,形成漏水通道,使用草土围堰时应有相应的防渗措施。细砂或淤泥基础因易被冲刷,稳定性差,不适宜采用。

草土围堰断面一般为梯形,堰顶宽度为水深的 2～2.5 倍,若为岩基,可减小至水深的 1.5 倍。

(三)围堰的平面布置

围堰的平面布置是一个很重要的问题。如果围护基坑的范围过大,就会使得围堰工程量大并且增加排水设备容量和排水费用;如果范围过小,又会妨碍主体工程施工,进而影响工期;如果分期导流的围堰外形轮廓不当,还会造成导流不畅,冲刷围堰及其基础,影响主体工程施工安全。

围堰的平面布置主要涉及堰内基坑范围确定和围堰轮廓布置两个问题。

堰内基坑范围主要取决于主体工程的轮廓及其施工方法。当采用一次拦断的不分期导流时,基坑是由上、下游围堰和河床两岸围成的。当采用分期导流时,基坑是由纵向围堰与上、下游横向围堰围成的。在上述两种情况下,上、下游横向围堰的布置都取决于主体工程的轮廓。通常围堰坡趾距离主体工程轮廓的距离不应小于 20m,以便布置排水设施和交通运输道路、堆放材料和模板等。至于基坑开挖边坡的坡度,则与地质条件有关。当纵向围堰不作为永久性建筑物的一部分时,围堰坡趾距离主体工程轮廓的距离一般不小于 2.0m,以便布置排水导流系统和堆放模板,如无此要求,则只需留 0.4～0.6m。

在实际工程中,基坑形状和大小往往是很不相同的。有时可以利用地形来减小围堰的高度和长度;有时为照顾个别建筑物施工的需要,将围堰轴线布置成折线形;有时为了避开岸边较大的溪沟,也采用折线形布置。为了保证基坑开挖和主体建筑物的正常施工,基坑范围应当有一定富余。

(四)堰顶高程

堰顶高程取决于导流设计流量及围堰的工作条件。

下游横向围堰堰顶高程可按式(5-1)计算:

$$E_d = h_d + \delta \qquad (5-1)$$

式中：E_d 为下游围堰的顶部高程，m；h_d 为下游水位高程，m，可直接由天然河道水位-流量关系曲线查得；δ 为围堰的安全超高，不过水围堰的安全超高可根据相关规定查得，过水围堰的安全超高为 $0.2 \sim 0.5$m。

上游围堰的堰顶高程由式（5-2）确定：

$$H_\triangle = h_d + Z + h_a + \delta \qquad (5-2)$$

式中：$H_\triangle$ 为上游围堰的顶部高程，m；Z 为上、下游水位差，m；h_a 为波浪高度，可参照永久性建筑物的有关规定和专业规范计算，一般情况可以不计，但应适当增加超高。其余参数含义同式（5-1）。

纵向围堰的堰顶高程应与堰侧水面曲线相适应。通常纵向围堰顶面做成阶梯形或倾斜状，其上、下游高程分别与所衔接的横向围堰同高程连接。

（五）围堰防冲刷措施

对于全段围堰法导流的上、下游横向围堰，应使围堰与泄水建筑物进出口保持足够的距离；对于分段围堰法导流，围堰附近的流速、流态与围堰的平面布置密切相关。

当河床是由可冲性覆盖层或软弱破碎岩石所组成时，必须对围堰坡脚及其附近河床进行防护，工程实践中采取的护脚措施主要有抛石护脚、柴排护脚及钢筋混凝土柔性排护脚三种。

1. 抛石护脚

抛石护脚施工简便，使用期较长时，抛石会随着堰脚及其基础的刷深而下沉，每年必须补充抛石，因此所需养护费用较大。抛石护脚的范围取决于可能产生的冲刷坑的大小。护脚长度大约为围堰纵向段长度的 1/2，纵向围堰外侧防冲护底的长度，根据相关工程的经验，可取为局部冲刷计算深度的 $2 \sim 3$ 倍。经初步估算后，对于较重要的工程，仍应通过模型试验校核。

2. 柴排护脚

柴排护脚的整体性、柔韧性、抗冲刷性都较好。但是，柴排护脚需要大量柴筋,拆除较困难。沉排流速要求不超过 1m/s,并需由人工配合专用船施工,多用于中、小型工程。

3.钢筋混凝土柔性排护脚

因单块混凝土板易失稳而使整个护脚遭受破坏,故可将混凝土板块用钢筋串接成柔性排。当堰脚范围外侧的基础覆盖层被冲刷后,混凝土板块组成的柔性排可逐步随覆盖层冲刷而下沉,进而将堰脚覆盖层封闭,防止堰基进一步淘刷。

四、施工导流方法

施工导流的方法大体上分为两类:一类是全段围堰法导流(即河床外导流),另一类是分段围堰法导流(即河床内导流)。

(一)全段围堰法导流

全段围堰法导流是在河床主体工程的上、下游各建一道拦河围堰,使上游来水通过预先修筑的临时或永久泄水建筑物(如明渠、隧洞等)泄向下游,主体建筑物在排干的基坑中进行施工,主体工程建成或接近建成时再封堵临时泄水道。这种方法的优点是工作面大,河床内的建筑物在一次性围堰的围护下建造,若能利用水利枢纽中的永久泄水建筑物导流,可大大节约工程投资。

全段围堰法导流按泄水建筑物的类型不同可分为明渠导流、隧洞导流、涵管导流等。

1.明渠导流

为保证主体建筑物干地施工,在地面上挖出明渠使河道水流安全地泄向下游的导流方式称为明渠导流。

当导流量大,地质条件不适于开挖导流隧洞,河床一侧有较宽的台地或古河道,或者施工期需要通航、过木或排冰时,可以考虑采用明渠导流。

国内外工程实践证明,在导流方案比较过程中,当明渠导流和隧洞导流均可采用时,一般倾向于明渠导流,这是因为明渠开挖可采用大型设备,加快施工进度,对主体工程提前开工有利。

导流明渠布置分岸坡上和滩地上两种布置形式。导流明渠的布置一般应满足以下条件。

(1)导流明渠轴线的布置。导流明渠应布置在较宽台地、垭口或古河道一岸;渠身轴线要伸出上、下游围堰外,坡脚水平距离要满足防冲刷要求,一般为 50～100m;明渠进出口应与上、下游水流相衔接,与河道主流的交角以 30°为宜;为保证水流畅通,明渠转弯半径应大于 5 倍渠底宽;明渠轴线布置应尽可能缩短明渠长度和避免深挖方。

(2)明渠进出口位置和高程的确定。明渠进出口布置力求不冲、不淤和不产生回流,可通过水力学模型试验调整进出口形状和位置,以达到这一目的;进口高程按截流设计选择,出口高程一般由下游消能控制;进出口高程和渠道水流流态应满足施工期通航、过木和排冰要求。在满足上述条件的前提下,应尽可能抬高进出口高程,以减少水下开挖量。

导流明渠结构布置应考虑后期封堵要求。当施工期有通航、过木和排冰要求时,若明渠较宽,可在明渠内预设闸门墩,以利于后期封堵。当施工期无通航、过木和排冰要求时,应于明渠通水前将明渠坝段施工到适当高程,并设置导流底孔和坝体缺口,使两者联合泄流。

2. 隧洞导流

为保证主体建筑物干地施工,采用导流隧洞的方式宣泄天然河道水流的导流方式称为隧洞导流。

当河道两岸或一岸地形陡峻、地质条件良好、导流流量不大、坝址河床狭窄时,可考虑采用隧洞导流。

导流隧洞的布置一般应满足以下条件。

(1)隧洞轴线沿线地质条件良好,足以保证隧洞施工和运行的安全。隧洞轴线宜按直线布置,当有转弯时,转弯半径不小于 5 倍洞径(或洞宽),转角不宜大于 60°,弯道首尾应设直线段,长度不应小于 3～5 倍的洞径(或洞宽);进出口引渠轴线与河流主流方向夹角宜小于 30°。

(2)隧洞间净距、隧洞与永久建筑物间距、洞脸与洞顶围岩厚度均应满足结构和应力要求。

（3）隧洞进出口位置应保证水力条件良好，并伸出堰外坡脚一定距离，一般距离应大于 50m，以满足围堰防冲刷要求。进口高程多由截流控制，出口高程由下游消能控制，洞底按需要设计成缓坡或急坡，避免形成反坡。

导流隧洞设计应考虑后期封堵要求，布置封堵闸门门槽及启闭平台设施。有条件者，导流隧洞应与永久隧洞结合，以利于节省投资。一般高水头枢纽，导流隧洞只可能与永久隧洞部分相结合，中、低水头则枢纽有可能全部相结合。

3. 涵管导流

涵管通常布置在河岸岩滩上，其位置在枯水位以上，这样可在枯水期不修围堰或只修一段围堰而先将涵管筑好，然后修上、下游全段围堰，将河水引经涵管下泄。

涵管一般是钢筋混凝土结构。当有永久涵管可以利用或修建隧洞有困难时，采用涵管导流是合理的。在某些情况下，可在建筑物基岩中开挖沟槽，必要时予以衬砌，然后封上混凝土或钢筋混凝土顶盖，形成涵管。利用这种涵管导流往往可以获得经济、可靠的效果。因为涵管的泄水能力较弱，所以一般用于导流流量较小的河流上或只用来担负枯水期的导流任务。

为了防止涵管外壁与坝身防渗体之间的渗流，通常在涵管外壁每隔一定距离设置截流环，以延长渗径，降低渗透坡降，减少渗流的破坏作用。此外，必须严格控制涵管外壁防渗体的压实质量。涵管管身的温度缝或沉陷缝中的止水措施必须认真施工。

（二）分段围堰法导流

分段围堰法也称分期围堰法，是用围堰将建筑物分段、分期围护起来进行施工的方法。分段就是从空间上将河床围护成若干个干地施工的基坑段。分期就是从时间上将导流过程划分成几个阶段。导流的分期数和围堰的分段数并不一定相同，因为在同一导流分期中，建筑物可以在一段围堰内施工，也可以同时在不同段围堰内施工。但是段数分得越多，围堰工程量就越大,施工也越复杂;同样,期数分得越多,工期有可能拖得越长。在通常情况下采用二段二期导流法。

分段围堰法导流一般适用于河床宽阔、流量大、施工期较长的工程,尤其是通航河流和冰凌严重的河流。这种导流方法的费用较低,国内外一些大、中型水利工程应用较广。分段围堰法导流,前期由束窄的原河道导流,后期可利用事先修建好的泄水道导流,常见泄水道的类型有底孔、坝体缺口等。

1. 底孔导流

利用设置在混凝土坝体中的永久底孔或临时底孔作为泄水道,是二期导流经常采用的方法。导流时让全部或部分导流流量通过底孔宣泄到下游,保证后期工程的施工。临时底孔在工程接近完工或需要蓄水时要加以封堵。

采用临时底孔时,底孔的尺寸、数目和布置要通过相应的水力学计算确定,其中底孔的尺寸在很大程度上取决于导流的任务(过水、过船、过木和过鱼)、水工建筑物结构特点和封堵用闸门设备的类型。底孔的布置要满足截流、围堰工程以及本身封堵的要求。若底坎高程布置较高,截流时落差就大,围堰也高,但封堵时的水头较低,封堵容易。一般底孔的底坎高程应布置在枯水位之下,以保证枯水期泄水。当底孔数目较多时,可把底孔布置在不同的高程,封堵时从最低高程的底孔堵起,这样可以减小封堵时所承受的水压力。底孔导流的优点:挡水建筑物上部的施工可以不受水流的干扰,有利于均衡连续施工,这对修建高坝特别有利。若坝体内设有永久底孔可以用来导流,更为理想。底孔导流的缺点:由于坝体内设置了临时底孔,钢材用量增加;如果封堵质量不好,会削弱坝体的整体性,有可能漏水;在导流过程中,底孔有被漂浮物堵塞的危险;封堵时由于水头较高,安放闸门及止水等均较困难。

2. 坝体缺口导流

在混凝土坝施工过程中,当汛期河水暴涨暴落,其他导流建筑物不足以宣泄全部流量时,为了不影响坝体施工进度,使坝体在涨水时仍能继续施工,可以在未建成的坝体上预留缺口,以便配合其他建筑物宣泄洪峰流量,待洪峰过后,上游水位回落,再继续修筑缺口。所留缺口的宽度和高度取决于导流设计流量、其他建筑物的泄水能力、建筑物的结构特点和施工条件。当采用底坎高程不同的缺口时,为避免高、低缺口单宽流量相差过大,产生高缺口向低缺口的侧向泄流,引起压力分布不均匀,需要适当控制高、低缺口间的高差。根据相关工程的经验,其高差以不超过 4m 为宜。

在修建混凝土坝,特别是大体积混凝土坝时,坝体缺口导流法因较为简单而常被采用。

底孔导流和坝体缺口导流一般只适用于混凝土坝,特别是重力式混凝土坝枢纽。至于土石坝或非重力式混凝土坝枢纽,应采用分段围堰法导流,并常与隧洞导流、明渠导流等河床外导流方式相结合。

五、导流泄水建筑物的布置

导流建筑物包括泄水建筑物和挡水建筑物。现在着重说明导流泄水建筑物布置与水力计算的有关问题。

(一)导流隧洞的布置与设计

1. 导流隧洞的布置

隧洞的平面布置主要指隧洞路线选择。影响隧洞布置的因素很多,选线时应特别注意地质条件和水力条件,一般可参照以下原则布置。

(1)隧洞轴线沿线地质条件良好,足以保证隧洞施工和运行的安全。应将隧洞布置在完整、新鲜的岩石中,为了防止隧洞沿线产生大规模塌方,应避免洞轴线与岩层、断层、破碎带平行,洞轴线与岩石层面的交角最好在 45°以上。

(2)当河岸弯曲时,隧洞宜布置在凸岸,不仅可以缩短隧洞长度,而且水力条件较好。国内外许多工程均采用这种布置形式。但是也有个别工程的隧洞位于凹岸,使隧洞进口方向与天然水流方向一致。

(3)对于高流速无压隧洞,应尽量避免转弯。有压隧洞和低流速无压隧洞,如果必须转弯,则转弯半径应大于 5 倍洞径(或洞宽),转折角应不大于 60°。在弯道的上下游应设置直线段过渡,直线段长度一般也应大于 5 倍洞径(或洞宽)。

(4)进出口与河床主流流向的夹角不宜太大,否则会造成上游进水条件不良,下游河道产生有害的折冲水流与涌浪。进出口引渠轴线与河流主流方向夹角宜小于 30°。上游进口处的要求可酌情放宽。

(5)当需要采用两条以上的导流隧洞时,可将它们布置在一岸或两岸。同一岸双线隧洞间的岩壁厚度一般不应小于开挖洞径的 2 倍。

(6)隧洞进出口距上下游围堰坡脚应有足够的距离,一般要求在 50m 以上,以满足围堰防冲刷要求。进口高程多由截流控制,出口高程由下游消能控制,洞底按需要设计成缓坡或急坡,避免形成反坡。

2. 导流隧洞断面及进出口高程设计

隧洞断面尺寸取决于设计流量、地质和施工条件,洞径应控制在施工技术和结构安全允许范围内,目前国内单洞断面尺寸多在 $200m^2$ 以下,单洞泄量不超过 $2000m^3/s$。

隧洞断面形式取决于地质条件、隧洞工作状况(有压或无压)及施工条件,常用断面形式有圆形、马蹄形、方圆形。圆形多用于有压洞,马蹄形多用于地质条件不良的无压洞,方圆形有利于截流和施工。

洞身设计中,糙率 n 的选择是十分重要的问题,糙率的大小直接影响到断面的大小,而衬砌与否、衬砌的材料和施工质量、开挖的方法和质量则是影响糙率的因素。一般混凝土衬砌隧洞的糙率为 0.014～0.025;不衬砌隧洞的糙率变化较大,光面爆破时为 0.025～0.032,一般炮眼爆破时为 0.035～0.044,设计时根据具体条件,查阅有关手册,选取设计的糙率。对重要的导流隧洞工程,应通过水工模型试验验证其糙率的合理性。

隧洞围岩应有足够的厚度,并与永久建筑物有足够的施工间距,以免永久建筑物受到基坑渗水和爆破开挖的影响。进洞处顶部岩层厚度通常为 1～3 倍洞径。进洞位置也可通过经济比较确定。

进出口底部高程应考虑洞内流态、截流、放木等要求。一般出口底部高程与河底齐平或略高,有利于洞内排水和防止淤积。对于有压隧洞,底坡在 $1‰ \sim 3‰$ 者居多,这样有利于施工和排水。无压隧洞的底坡主要取决于过流要求。

(二)导流明渠的布置与设计

1.导流明渠的布置

导流明渠一般布置在岸坡上和滩地上。其布置要求有以下几个方面。

(1)尽量利用有利地形,布置在较宽台地、垭口或古河道一岸,使明渠工程量最小,但伸出上下游围堰外坡脚的水平距离要满足防冲刷要求,一般为 $50 \sim 100m$;尽量避免渠线通过不良地质区段,应特别注意滑坡崩塌,保证边坡稳定,避免高边坡开挖。在河滩上开挖的明渠,一般需设置外侧墙,其作用与纵向围堰相似。外侧墙必须布置在可靠的地基上,并尽量使其能直接在干地上施工。

(2)明渠轴线应顺直,以使渠内水流顺畅平稳,应避免采用 S 形弯道。明渠进出口应分别与上下游水流相衔接,与河流主流流向的夹角以 30°为宜。为保证水流畅通,明渠转弯半径应大于 5 倍渠底宽。对于软基上的明渠,渠内水面与基坑水面之间的最短距离应大于两水面高差的 2.5 倍,以免发生渗透破坏。

(3)导流明渠应尽量与永久明渠相结合。当枢纽中的混凝土建筑物在岸边布置时,导流明渠常与电站引水渠和尾水渠相结合。

(4)必须考虑明渠挖方的利用。国外有些大型导流明渠,出渣料均用于填筑土石坝,如巴基斯坦的塔贝拉导流明渠。

(5)防冲刷问题。在良好岩石中开挖出的明渠,可能无须衬砌,但应尽量减小糙率。软基上的明渠应有可靠的衬砌和防冲刷措施。有时为了尽量利用较小的过水断面以增大泄流能力,即使是岩基上的明渠,也用混凝土衬砌。

(6)在明渠设计时,应考虑封堵措施。因为明渠施工是在干地进行的,所以应同时布置闸墩,方便导流结束时采用下闸封堵方式。个别工程对此考虑不周,不仅增加了封堵的难度,而且拖延了工期,影响整个枢纽按时发挥效益,应引以为戒。

2.明渠进出口位置和高程的确定

进口高程按截流设计选择,出口高程一般由下游消能控制,进出口高程和渠道水流流态应满足施工期通航、过木和排冰要求。在满足上述条件的前提下,应尽可能抬高进出口高程,以减少水下开挖量。其目的在于使明渠进出口不冲、不淤和不产生回流,还可通过水力模型试验调整进出口形状和位置。

3.导流明渠断面设计

(1)明渠断面尺寸的确定。明渠断面尺寸由设计导流流量控制,并受地形、地质和允许抗冲刷流速影响,应按不同的明渠断面尺寸与围堰的组合,通过综合分析确定。

(2)明渠断面形式的选择。明渠断面一般设计成梯形,当渠底为坚硬基岩时,可设计成矩形,有时为满足截流和通航的目的,也可设计成复式梯形断面。

(3)明渠糙率的确定。明渠糙率直接影响明渠的泄水能力,而影响糙率的因素有衬砌的材料、开挖的方法、渠底的平整度等,可根据具体情况查阅有关手册确定,对大型明渠工程,应通过水力模型试验选取糙率。

(三)导流底孔及坝体缺口的布置

1.导流底孔的布置

早期工程的底孔通常布置在每个坝段内,称跨中布置。例如,三门峡工程,在一个坝段内布置两个宽 3m、高 8m 的方形底孔。新安江工程在一个坝段内布置一个宽 10m、高 13m 的门洞形底孔,进口处加设中墩,以减轻封堵闸门重量。另外,国内从柘溪工程开始,相继在凤滩、白山工程中采用骑缝布置(也称跨缝布置),孔口高宽比越来越大,钢筋耗用量显著减少。白山导流底孔为满足排冰需要,进口不加中墩,且进口处孔高达

21m(孔宽 9m)，设计成自动满管流进口。

导流底孔高程一般比最低下游水位低一些，主要根据通航、过木及截流要求，通过水力计算确定。导流底孔若为封闭式框架结构，其高程则需要结合基岩开挖高程和框架底板所需厚度综合确定。

2.坝体预留缺口的布置

坝体预留缺口宽度与高程主要由水力计算确定。如果缺口位于底孔之上，孔顶板厚度应大于 3m。各坝块的预留缺口高程可以不同，但缺口高差一般以 4～6m 为宜。当坝体采用纵缝分块浇筑法，未进行接缝灌浆过水，且流量大、水头高时，应校核单个坝块的稳定性。

在轻型坝上采用缺口泄洪时，应校核支墩的侧向稳定性。

(四)导流涵管的布置

对导流涵管的水力问题，如管线布置、进口体形、出口消能等问题的考虑，均与导流底孔和隧洞相似。但是，涵管与底孔也有很大的不同，涵管被压在土石坝体下面，若布置不妥或结构处理不善，可能造成管道开裂、渗漏，导致土石坝失事。因此，在布置涵管时，还应注意以下几个问题。

(1)应使涵管坐落在基岩上。若有可能，宜将涵管嵌入新鲜基岩。大、中型涵管应有一半高度埋入基岩。有些中、小型工程，可先在基岩中开挖明渠，顶部加上盖板形成涵管。苏联的谢列布良电站，其涵管是在基岩中开挖出来的，枯水流量通过涵管下泄，第一次洪水导流是同时利用涵管和管顶明渠下泄，当管顶明渠被土石坝拦堵后，下一次洪水则仅由涵管宣泄。

(2)涵管外壁与大坝防渗土料接触部位应设置截流环，以延长渗径，防止接触渗透破坏。环间距一般可取 10～20m，环高 1～2m，厚 0.5～0.8m。

(3)大型涵管断面也常用方圆形。若上部土荷载较大，顶拱宜采用抛物线形。

第二节　截流工程

一、截流方法

(一)立堵法截流

立堵法截流是将截流材料,从龙口一端向另一端或从两端向中间抛投进站,逐渐束窄龙口,直至全部拦断。立堵法截流不需要在龙口架设浮桥或栈桥,准备工作比较简单费用较低。但截流时龙口的单宽流量较大,出现的最大流速较高,而且流速分布很不均匀,需用单个重量较大的截流材料。截流材料通常用自卸汽车在进占戗堤的端部直接入水,个别巨大的截流材料也有用起重机、推土机投入龙口的;立堵法截流适用于大流量、岩基或覆盖层较薄的岩基河床,对于软基河床,在采取护底措施后才能使用。

(二)平堵法

平堵法截流是沿整个龙口宽度全线抛投,抛投料堆筑体全面上升,直至露出水面。为此,合龙前必须在龙口架设浮桥。由于它是沿龙口全宽均匀平层抛投,所以其单宽流量较小,出现的流速也较小,需要的单个抛投材料重量也较轻,抛投强度较大,施工速度较快,但有碍通航。在截流设计时,可根据具体情况采用立堵与平堵相结合的截流方法,如先用立堵法进占,然后在龙口小范围内用平堵法截流;或先用船抛土石材料平堵法进占,然后再用立堵法截流。

二、截流日期及设计流量

(一)截流时间的确定

确定截流时间应考虑的几个方面包括:泄水建筑物必须建成或部分建成具备泄流条件,河道截流前泄水道内围堰或其他障碍物应予清除;截流后的许多工作必须抢在汛前完成（如围堰或永久建筑物抢筑到拦洪高程等）；在有通航要求的河道上，截流日期最好选在对通航影响最小的时期；在北方有冰凌的河流上截流，不宜在流冰期进行。

按上述要求，截流日期一般选在枯水期初。具体日期可根据历史水文资料确定，但往往可能有较大出入，因此实际工作中应根据当时的水文气象预报及实际水情分析进行修正，最后确定截流日期。

(二)截流设计流量的确定

截流设计时所取的流量标准，是指某一确定的截流时间的截流设计流量。所以当截流时间确定以后，就可根据工程所在河道的水文、气象特征选择设计流量。通常可按重现年法或结合水文气象预报修正确定设计流量，一般可按工程重要程度选择截流时段重现期5～10年的月或旬的平均流量，也可用其他方法分析确定。

(三)龙口位置与宽度

龙口在截流戗堤的轴线上，戗堤轴线应根据河床和两岸地形、地质、交通条件、主流流向、通航、过木要求等因素综合分析选定，戗堤宜为围堰堰体组成部分。一旦截流戗堤轴线确定后，即可确定龙口位置。

龙口布置位置应视具体情况而定。从地形方面，龙口周围应宽阔，距临时堆料场较近，且有足够的回车场地，以保证运输方便；从地质方面考虑，应力求将龙口布置在覆盖层较薄的部位，或有天然岛礁作裹头的部位，以抗水流冲刷；从水流条件考虑，龙口应设置在正对主流处，以利洪水宣泄；龙口宽度的确定，主要取决于戗堤束窄河床后形成的水力条件，对龙口底部和两侧裹头部位的冲刷影响，截流期通航河流对通航安全的要求。合理的龙口宽度应是满足龙口水力条件及通航条件的最小宽度。

若龙口段河床覆盖层抗冲能力低，可预先在龙口段抛石或抛装石铅丝笼护底，增大糙率和抗冲能力，减少合龙抛投量，降低截流难度。

(四)截流抛投材料

截流抛投材料的选择，主要取决于截流时可能发生的流速及工地开挖、起重、运输设备的能力,一般应尽可能就地取材。主要有块石、石串、装石竹笼、土袋等,当截流水力条件较差时,还须采用人工块体,一般有四面体、六面体、四脚体及钢筋混凝土构件等。为确保截流安全、顺利、经济合理,截流材料应考虑一定的备料量。

截流抛投材料选择原则有:预进占段填筑料尽可能利用开挖渣料和当地天然料;龙口段抛投的大块石、石串或混凝土四面体等人工制备材料数量应慎重研究确定;截流备料总量应根据截流料物堆存、运输条件、可能流失量及戗堤沉陷等因素综合分析,并留适当备用;戗堤抛投物应具有较强的透水能力,且易于起吊运输。

第三节   围堰施工

一、钢板桩围堰施工工艺

(一)钢板桩围堰的安全性能

钢板桩被广泛地应用于土木工程水上基础施工的围堰和陆域基础基坑围护结构,其主要优点包括以下几点。

(1)钢板桩在工厂内定型制造,材质、工艺、技术性能指标都能得到保证,连接锁扣制作精度高,围堰与围护结构不漏水,支护结构无水头漏失。

(2)强度高,重量轻,运输堆放方便。

(3)具有灵活方便的施工性能,可以根据基础结构围堰或围护工程规模的大小及形状组拼。

(4)可以适应较硬土层打桩施工,施工速度快,打桩施工机具要求比较简单,钢板桩的重复利用率高。

(二)钢板桩的形式及构造

钢板桩按其断面形式有直线型、U(槽)型、Z型、H型、管型和组合型等。

（1）直线型钢板桩的断面模量小，作为挡土结构来承受水平力作用是不经济的，一般用于较浅基础的防水结构。

（2）U型钢板桩断面模量比直线型大，且刚度也较大，工程应用较为广泛，可用于围护和围堰结构。

（3）Z型钢板桩是一种经济性板桩，但是，由于断而的不对称，单根打入时可能会绕轴心旋转，应成对拼连在一起施打，可避免旋转。

（4）H型钢板桩模量很大，可用于深水围堰和荷载较大的围护结构。

（5）管型钢板桩模量最大，结构受力性能好，可以用于永久性水工和基础结构工程之中。

（6）对于受力较大、弯矩较大等有特殊要求的围堰和围护工程，可采用组合型钢板桩，以提高断面模量、刚度和承载力，使之既能承受垂直力，又能承受水平力和弯矩。

（三）钢板桩围堰的施工

1.钢板桩围堰的施工准备工作

钢板桩围堰施工的准备工作主要包括：钢板桩的整理、运输与堆放，按围堰工程规模的大小，准备足够数量的钢板桩。施工放样定位，设置导向装置，以确保钢板桩围堰施工的准确闭合。为防止打桩时造成的桩的损伤并避免偏心锤击，还应准备好打桩送桩桩帽。

2.钢板桩施工工艺

采用设置工作平台的方式安置打桩设备，然后打入钢板桩围堰，可以较好地控制施工进度，作业时风浪影响较小。围堰工作量不大时，也可以采用打桩船实施钢板桩打入工作，但这种方式易受风浪影响，运输相对不方便。

钢板桩的打入方式可分为单根工法和屏风打桩工法。

（1）单根工法是将钢板桩逐桩打入，此方法施工速度相对较快，桩架要求相对较低，但应防止倾斜。

（2）屏风打桩工法，即将一排钢板桩（10～20根）插入土中一定深度，使用桩机来回锤击,并使首尾两根先打到要求深度,再将中部板桩依次击打到位。此方法可防止板桩打入时倾斜和转动,闭合性高;缺点是桩架较高,速度相对较慢。

二、钢吊(套)箱围堰施工工艺

钢吊(套)箱围堰施工工序主要包括围堰加工制作组拼,吊运下沉就位,堵漏与水下封底混凝土浇筑,承台施工等。其施工方法主要有以下几种。

(1)将工厂加工制作好的钢吊(套)箱运至工地现场,通过驳船运至墩(塔)位处,定位放样抛锚,再利用浮吊就位下沉。

(2)对于大型钢吊(套)箱围堰可于工厂分节分块加工制作,运至工地后分别用驳船拖运至墩(塔)位处组拼合拢成整节段,再用浮吊吊装就位下沉,并逐节接高固定至设计高程。

(3)在施工现场加工钢吊(套)箱构件,然后再由运载工具牵引下水或是在岸边设置滑道组拼成箱后,再浮运至墩(塔)处,利用浮吊吊装就位下沉;亦可分节吊运,在墩(塔)位处接高固定至设计高程。

三、双壁钢围堰施工工艺

(一)双壁钢围堰的制作加工

双壁钢围堰构件在工厂内分块进行加工,运至现场进行组拼。构件接头之间按等强原则焊接,并将接头位置错开以保证结构受力可靠;同时需保证其密实不透水。其加工程序有以下几项。

(1)在制造前,先设计好结构加工图、制造图、单件构造图、节段拼装图、总拼装图、工艺卡片、坡口形式图等相关的图纸。

(2)检查各种设备是否完好,工艺胎架、装备等是否符合工艺规程的规定。验收进场材料。

(3)矫正钢材,放样号料,下料切割。单元件焊接及组拼。

(二)双壁钢围堰的组拼与安装

双壁钢围堰在工厂完成单元件焊接及组拼,经半成品、成品验收后,运至工地现场组拼安装。其主要工艺程序有以下几项。

(1)河床清理工作。围堰安装前采用测深仪对围堰中心 50m 范围内河床地形进行测量,根据测量情况,大致以围堰中心为界,主跨侧河床需回填,边跨侧河床需清理。

(2)拼装平台及轨道梁安装。

(3)底节钢围堰安装。采用浮吊将围堰节段起吊并落于吊装船上,将轨道梁上电动葫芦钢丝绳与围堰节段吊点连接收紧,利用荡移法将围堰节段提升并落于平台上,浮吊松钩后,启动电动葫芦将围堰节段提升至超过拼装平台高度 30cm 后,再沿轨道梁滑移至下游侧,并落于拼装平台上;经测量检查、调整后,采用型钢将围堰与邻近钢护筒之间焊接固定,逐节组拼安装就位,再进行围堰挡板安装。为保证围堰主跨侧河床能够顺利抛填,应在底节围堰主跨侧安装钢挡板。围堰挡板安装顺序为:先下游,后上游,移动至对应位置后下放至安装高度,然后提升底节围堰,拆除平台,最后将围堰下放到自浮状态。

(4)继续利用浮吊及电动葫芦在底节围堰上拼装第二节围堰,并安装导向装置。围堰拼装及焊接要求与底节围堰安装相同。分节拼装时,围堰注水前,封闭隔舱板连通孔,在围堰顶面安装施工平台,铺设脚手板,作为围堰注水、水位观测、水位测量人员的通道,并在舱壁用红油漆标记好刻度线。围堰注水壁舱必须与拼装的围堰节段对称,根据围堰节段重量确定注水量。注水过程中,对围堰姿态进行监测,发现问题及时纠偏处理。直至围堰拼装完毕达到设计高度。

(三)围堰下沉、着床

1.围堰下沉时的检查与监控工作

围堰下沉应根据水文、地质情况和围堰的结构特点确定其下沉的施工方法,并应按照下沉的不同工况进行必要的验算。

围堰整体注水下沉前,计算注水量及围堰下沉量,提前在外壁做好刻度标记。注水时遵循对称、循环均衡的原则,围堰下沉过程中,加强对围堰姿态的观测,发现问题及时纠偏处理。

2.围堰着床后的检查与基底处理

围堰施工时,利用水下摄像头监测围堰刃脚下方情况,保证刃脚部分河床平整,确保围堰下沉至设计标高位置。围堰着床后,测量检查围堰平面位置及垂直度,采用加水配重方式调整围堰姿态,直至满足要求并与钢护筒之间焊接锁定。围堰着床下沉到设计高程后,应检验基底的地质情况是否与设计相符。围堰的基底面应平整;基底为岩层时,岩面残留物应清除干净,清理后有效面积不得小于设计要求;当围堰下沉到倾斜岩层时,应将岩层表面的松软层或风化层凿除整平,围堰刃脚的 2/3 以上宜嵌搁在岩层上,嵌入深度最小处不宜小于 0.25m,未到岩层的刃脚部分可采用袋装混凝土等填塞缺口。对刃脚以内围堰底部岩层的倾斜面应凿成台阶或榫槽后清渣,以便于封底。

(四)围堰封底

1.封底前的检查工作

围堰封底前应检查围堰着床情况,进行封底堵漏,清除围堰壁墙及与封底混凝土接触面的污泥;对下沉到位的围堰应进行沉降观测,沉降稳定且满足设计要求后,应及时封底。

2.封底混凝土的灌注

一般采用水下混凝土灌注方法进行围堰封底。围堰的封底厚度应根据围堰底部承受的水压力和地基反力经计算确定,且封底混凝土的顶面高度应高出围堰刃脚根部 0.5m 及以上。封底混凝土的强度等级不应低于 C25。

围堰的水下混凝土封底宜全断面一次性灌注完成;对于超大型围堰可划分区域进行封底,但任一区域的封底工作均应一次性灌注完成。

3. 水下混凝土灌注的刚性导管法

（1）每根导管开始灌注时所采用的混凝土坍落度应大于 220mm，首批混凝土需要量应通过计算确定。

（2）灌注封底水下混凝土时，需要的导管间隔及根数应根据导管作用半径及封底面积确定，采用多根导管灌注时，对其灌注的顺序应进行专门设计，并应采取有效措施防止发生混凝土离析；若同时灌注，当基底不平时，应逐步使混凝土保持大致相同的高程。

（3）在灌注过程中，导管应随混凝土面升高而逐步提升，导管的埋置深度与导管内混凝土下落深度相适应，同时应根据混凝土的堆高和扩展情况，调整坍落度和导管埋深，使每方混凝土灌注后均形成适宜的堆高和不陡于 1：5 的流动坡度。抽拔导管时应防止导管进水。

（4）水下混凝土面的最终灌注高度应比设计值高出 150mm 以上；待混凝土强度达到设计要求后，再抽水、凿除表面夹泥水的松软层。

5. 检查封底混凝土厚度与灌注质量

对封底施工的质量有疑问时，应对其进行增补性检查鉴定，必要时可钻取芯样检验。完成围堰封底且水下封底混凝土强度满足设计要求后，方可进行围堰内抽水，然后进入下一道工序施工。

第四节　封堵蓄水

施工后期，当坝体已修筑到拦洪高程以上，能够发挥挡水作用时，其他工程项目，如混凝土坝已完成了基础灌浆和坝体纵缝灌浆、库区清理、水库坍岸和渗漏处理已经完成，建筑物质量和闸门设施等也均经检查合格，这时，整个工程就进入了所谓完建期。应根据施工的总进度计划、主体工程或控制性建筑物的施工进度、天然河流的水文特征、下游的用水要求、受益时间及是否具备封堵条件等，有计划地进行导流用临时泄水建筑物的封堵和水库的蓄水工作。

一、蓄水计划

水库的蓄水与导流用临时泄水建筑物的封堵有密切关系,只有将导流用临时泄水建筑物封堵后,才有可能进行水库蓄水。因此,必须制订一个积极可靠的蓄水计划,既能保证发电、灌溉及航运等国民经济各部门所提出的要求,如期发挥工程效益,又要力争在比较有利的条件下,封堵导流用的临时泄水建筑物,使封堵工作得以顺利进行。

水库蓄水一般按保证率为 75％～85％ 的年流量过程线来制订。可以从发电、灌溉及航运等国民经济各部门所提出的运用期限和水位的要求,反推出水库开始蓄水的日期,即根据各时段的来水量减去下泄量和用水量,得出各时段留在水库的水量,将这些水量依次累计,对照水库容积与水位关系曲线,就可制定出水库蓄水计划,也就是水库蓄水高程与历时关系曲线。蓄水计划是施工后期进行水流控制、安排施工进度的主要依据。

二、封堵技术

导流用临时泄水建筑物封堵时的设计流量,应根据河流水文特征及封堵条件进行选择,一般可选用封堵期 10～20 年一遇月或旬的平均流量,也可根据实测水文资料分析确定。封孔日期与初期蓄水计划有关,一般均在枯水期进行。最常用的封堵方式是首先下闸封孔,然后浇筑封堵混凝土塞。

(一)下闸封孔

常用的封孔闸门有钢闸门、钢筋混凝土叠梁闸门、钢筋混凝土整体闸门等。我国新安江和柘溪工程的导流底孔封堵,成功地利用了多台 5～10t 的手摇绞车,顺利沉放了重达 321t 和 540t 的钢筋混凝土整体闸门。这种方式断流快,水封好,只要起吊下放时掌握平衡,下沉比较方便,不需重型运输起吊设备,特别在库水器位上升较快的工程中,最后封孔时被广泛采用;闸门安放以后,为了加强闸门的水封防渗效果,在闸门槽两侧填以细粒矿渣并灌注水泥砂浆,在底部填筑粘土麻包,并在底孔内把闸门与坝面之间的金属承压板互相焊接。

(二)浇筑混凝土塞

导流用底孔一般为坝体的一部分,因此封堵时需要全孔堵死,而导流用的隧洞或涵管则并不需要全洞堵死,常浇筑一定长度的混凝土塞,就足以起永久挡水作用。混凝土塞的最小长度可根据极限平衡条件确定。当导流隧洞的断面积较大时,混凝土塞的浇筑必须考虑降温措施,不然产生的温度裂缝会影响其止水质量。例如美国新伯拉斯巴坝的导流隧洞封堵,在混凝土塞中央部位设有冷却和灌浆用坑道,底部埋有冷却水管,待混凝土塞的平均温度降至 12.8℃时,进行接触灌浆,以保证混凝土塞与围岩的连接。

当临时泄水建筑物封堵以后,在一段时间内还有两个问题值得注意,一是下游工农业生产用水和居民生活用水如何解决;二是虽然封堵工程多选在洪水期后,但封堵以后万一发生意外大水,而溢洪道工程又未完成,则将出现紧张被动局面。故在提出封堵措施的同时,应对下游供水和预防意外大水做出相应的考虑和安排。

第五节 基坑排水

基坑排水工作按排水时间及性质,一般可分为:基坑开挖前的排水,包括基坑积水、基坑积水排除过程中围堰及基坑的渗水和降水的排除;基坑开挖及建筑物施工过程中的经常性排水,包括围堰和基坑的渗水、降水、地基岩石冲洗及混凝土养护用废水的排除等。

一、初期排水

基坑积水主要是指围堰闭气后存于基坑内的水体,还要考虑排除积水过程中从围堰及地基渗入基坑的水量和降雨。初期排水的流量是选择水泵数量的主要依据,应根据地质情况、工期长短、施工条件等因素确定。初期排水流量可按下式估算。

$$Q = \frac{KV}{T}(m^3/h)(5-3)$$

式中:Q 为初期排水流量,m^3/s;V 为基坑积水的体积,m^3;K 为积水系数,考虑了围堰、基坑渗水和可能降雨的因素,对于中小型工程,取 K＝2～3;T 为初期排水时间,s。

初期排水时间与积水深度和允许的水位下降速度有关。如果水位下降太快,围堰边坡土体的动水压力过大,容易引起坍坡;如水位下降太慢,则影响基坑开挖工期。基坑水位下降的速度一般控制在 0.5～1.5m/d 为宜。在实际工程中,应综合考虑围堰型式、地基特性及基坑内水深等因素而定。对于土围堰,水位下降速度应小于 0.5m/d。

根据初期排水流量即可确定水泵工作台数,但需要考虑一定的备用量。水利工地常用离心泵或潜水泵。为了运用方便,可选择容量不同的水泵,组合使用。水泵站一般布置成固定式或移动式两种,当基坑水深较大时,采用移动式。

二、经常性排水

当基坑积水排除后,立即转入经常性排水。对于经常性排水,主要是计算基坑渗流量,确定水泵工作台数,布置排水系统。

(一)排水系统布置

经常性排水通常采用明式排水,排水系统包括排水干沟、支沟和集水井等。一般情况下,排水系统分为两种情况:一种是基坑开挖中的排水;另一种是建筑物施工过程中的排水。前者是根据土方分层开挖的要求,分次下降水位,通过不断降低排水沟高程,使每一个开挖土层呈干燥状态。排水系统排水沟通常布置在基坑中部,以利两侧出土;当基坑较窄时,将排水干沟布置在基坑上游侧,以利于截断渗水。沿干沟垂直方向设置若干排水支沟。基础范围外布置集水井,井内安设水泵,渗水进入支沟后汇入干沟,再流入集水井,由水泵抽出坑外。后者排水目的是控制水位低于坑底高程,保证施工在干地条件下进行。排水沟通常布置在基坑四周,离开基础轮廓线不小于 $0.3\sim1.0m$。集水井离基坑外缘的距离必须大于集水井深度。排水沟的底坡一般不小于 0.002,底宽不小于 $0.3m$,沟深为:干沟 $1.0\sim1.5m$,支沟为 $0.3\sim0.5m$。集水井的容积应保证当水泵停止运转 $10\sim15min$ 井内的水量不致漫溢。井底应低于排水干沟底 $1\sim2m$。

(二)经常性排水流量

经常性排水主要排除基坑和围堰的渗水,还应考虑排水期间的降雨、地基冲洗和混凝土养护弃水等。这里仅介绍渗流量估算方法。

围堰渗流量。透水地基上均质土围堰,每米堰长渗流量 q 的计算按水工建筑物均质土坝渗流计算方法。

基坑渗流量。由于基坑情况复杂,计算结果不一定符合实际情况,应用试抽法确定。降雨量按在抽水时段最大日降水量在当天抽干计算;施工弃水包括基岩冲洗与混凝土养护用水,两者不同时发生,按实际情况计算。

排水水泵根据流量及扬程选择,并考虑一定的备用量。

三、人工降低地下水位

在经常性排水中,采用明排法,由于多次降低排水沟和集水井高程,变换水泵站位置,不仅影响开挖工作正常进行,还会在细砂、粉砂及砂壤土地基开挖中,因渗透压力过大而引起流砂、滑坡和地基隆起等事故,对开挖工作产生不利影响。采用人工降低地下水位措施可以克服上述缺点。人工降低地下水位,就是在基坑周围钻井,地下水渗入井中,随即被抽走,使地下水位降至基坑底部以下,整个开挖部分土壤呈干燥状态,开挖条件大为改善。人工降低地下水位方法,按排水原理分为管井法和井点法两种。

(一)管井法

管井法就是在基坑周围或上下游两侧按一定间距布置若干单独工作的井管,地下水在重力作用下流入井内,各井管布置一台抽水设备,使水面降至坑底以下。

管井法适用于基坑面积较小,土的渗透系数较大(K＝10～250m/d)的土层。当要求水位下降不超过7m时,采用普通离心泵;在要求大幅度降低地下水位的深井中抽水时,最好采用专用的离心式深井水泵。管井由井管、滤水管、沉淀管及周围反滤层组成。地下水从滤水管进入井管,水中泥沙沉淀在沉淀管中。滤水管可采用带孔的钢管,外包滤网;井管可采用钢管或无砂混凝土管,后者采用分节预制,套接而成。每节长 1m,壁厚为 4～6cm,直径一般为 30～40cm。管井间距应满足在群井共同抽水时,地下水位最高点低于坑底,一般取 15～25m。

(二)井点法

当土壤的渗透系数 k＜1m/d 时,用管井法排水,井内水会很快被抽干,水泵经常中断运行,既不经济,抽水效果又差,这种情况下,采用井点法较为合适。井点法适宜于渗透系数为 0.1～50m/d 的土壤。井点的类型有轻型井点、喷射井点和电渗井点三种,比较常用的是轻型井点。

轻型井点由井管、集水管、普通离心泵、真空泵和集水箱等设备组成的排水系统;轻型井点的井管直径为 38mm～50mm,采用无缝钢管,管的间距为 0.8m～1.6m,最大可达 3.0m。地下水从井管底部的滤水管内借真空泵和水泵的抽吸作用流入管内,沿井管上升汇入集水管,再流入集水箱,由水泵抽出。

轻型井点系统开始工作时,先开动真空泵排出系统内的空气,待集水箱内水面上升到一定高度时,再启动水泵抽水。如果系统内真空不够,仍需真空泵配合工作。点排水时,地下水位下降的深度取决于集水箱内的真空值和水头损失。一般集水箱的真空值为 400～500mmHg 柱。

当地下水位要求降低值大于 4～5m 时，则需分层降落，每层井点控制 3～4m。但分层数应小于三层为宜。因层数太多，坑内管路纵横交错，妨碍交通，影响施工；且当上层井点发生故障时，由于下层水泵能力有限，造成地下水位回升，严重时导致基坑淹没。

第六章 水利工程土石方工程施工技术

第一节 土石方工程概述

一、土石方工程分类与工程性质

土石方工程是建设工程施工的主要工程之一。土方工程施工的特点是：面广量大、劳动繁重、大多为露天作业、施工条件复杂。施工易受地区气候条件影响,且土本身是一种天然物质,种类繁多,施工时受工程地质和水文地质条件的影响也很大。因此为了减轻劳动强度、提高劳动生产效率、加快工程进度、降低工程成本,在组织施工时,应根据工程自身条件,制定合理的施工方案,尽可能采用新技术和机械化施工,为整个工程的后续工作提供一个平整、坚实、干燥的施工场地,并为基础工程施工做好准备。

土石方工程包括土石方的开挖、运输、填筑、平整与压实等主要施工过程,以及场地清理,测量放线、排水、降水、土壁支护等准备工作和辅助工作,土木工程中常见的土石方工程有以下几种。

第一,场地平整。场地平整前必须确定场地设计标高,计算挖方和填方的工程量,确定挖方、填方的平衡调配,选择土方施工机械,拟定施工方案。

第二,基坑(槽)开挖。开挖深度在 5m 以内的称为浅基坑(槽),挖深超过 5m 的(含 5m)的称为深基坑(槽)。应根据建筑物、构筑物的基础形式,坑(槽)底标高及边坡的坡度要求开挖基坑(槽)。第三,基坑(槽)回填。为了确保填方的强度和稳定性,必须正确选择填方土料与填筑方法。填土必须具有一定的密实度,以避免建筑物产生不均匀沉陷。填方应分层进行,并尽量采用同类土填筑。

第四,地下工程大型土石方开挖。对人防工程、大型建筑物的地下室、深基础施工等进行的地下大型土石方开挖涉及降水、排水、边坡稳定与支护地面沉降与位移等问题。

第五,路基修筑。建设工程所在地的场内外道路,以及公路、铁路专用线,均需修筑路基,路基控方称为路堑,填方称为路堤。路基施工涉及面广,影响因素多,是施工中的重点与难点。

在土方工程施工和工程预算定额中,根据土的开挖难易程度,将土分为松软土、普通土、坚土、砂砾坚土、软石、次坚石、坚石、特坚石等八类。前四类为一般土,后四类为岩石。正确地区分和鉴别土的种类,可以合理地选择施工方法和准确地套用定额,计算土方工程费用。土的工程分类与现场鉴别方法见表 6-1。

表 6-1　土的工程分类与现场鉴别方法

土的分类	土的名称	土的可松性系数		现场鉴别方法
		Ks	Ks′	
一类土 (松软土)	砂、亚砂土、冲击砂土层、种植土、泥炭(淤泥)	1.08～1.17	1.01～1.03	能用锹、锄头挖掘
二类土 (普通土)	亚粘土、卵石的砂、种植土、填筑土及亚砂土	1.14～1.28	1.02～1.05	用锹、锄头挖掘,少许用镐翻松
三类土 (坚土)	粘土、可塑红粘土、硬塑红粘土、强盐渍土、素填土、压实填土	1.24～1.30	1.04～1.07	主要用镐,少用锹、锄头挖掘,部分用撬棍
四类土(砂砾坚土)	碎石土(卵石、碎石、漂石、块石)、坚硬红粘土、超盐渍土、杂填土	1.26～1.32	1.06～1.09	整个用镐、撬棍,然后用锹挖掘,部分用楔子及大锤
五类土 (软石)	硬石灰及粘土、中等密实的页岩、泥灰岩、白垩土、胶结不紧的砾岩、软的石灰岩	1.30～1.45	1.10～1.20	用镐或撬棍、大锤挖掘,部分使用爆破方法

土的分类	土的名称	土的可松性系数		现场鉴别方法
		Ks	Ks′	
六类土（次坚石）	泥岩、砂岩、砾岩、坚实的页岩、泥灰岩、密实的石灰岩、风化花岗岩片麻岩	1.30～1.45	1.10～1.20	用爆破方法开挖部分用风镐
七类土（坚石）	大理岩、辉绿岩、玢岩、粗、中粒花岗岩、坚实的白云、砂岩、砾岩、片麻岩、石灰岩、风化痕迹的安山岩、玄武岩	1.30～1.45	1.10～1.20	用爆破方法开挖

注：Ks——最初可松性系数；Ks′——最终可松性系数

二、土石方工程的准备与辅助工作

土石方工程施工前应做好下述准备工作。

第一，场地清理。包括清理地面及地下各种障碍。

第二，排除地面水。地面水的排除一般采用排水沟、截水沟、挡水土坝等措施。

第三，修筑好临时道路及供水、供电等临时设施。

第四，做好材料、机具及土方机械的进场工作。

第五，做好土方工程测量、放线工作。

第六，根据土方施工设计做好土方工程的辅助工作，如边坡稳定、基坑（槽）支护、降低地下水等。

(一)土方边坡及其稳定

土方边坡坡度以其高度（H）与底宽度（B）之比表示。边坡可做成直线形、折线形或踏步形，边坡坡度应根据土质、开挖深度、开挖方法、施工工期、地下水位、坡顶荷载及气候条件等因素确定。

施工中除应正确确定边坡，还要进行护坡，以防边坡发生滑动。因此，在土方施工中，要预估各种可能出现的情况，采取必要的措施护坡防坍，特别要注意及时排除雨水、地面水，防止坡顶集中堆积及振动。必要时可采用钢丝网细石混凝土（或砂浆）护坡面层加固。如果是永久性土方边坡,则应做好永久性加固措施。

(二)基坑(槽)支护

开挖基坑(槽)时,如地质条件及周明环境许可,采用放坡开挖是较经济的。但在建筑稠密地区施工,或有地下水渗入基坑(槽)时,往往不可能按要求的坡度放坡开挖,这时就需要进行基坑(槽)支护,以保证施工的顺利进行,并减少对相邻建筑,管线等的不利影响。

基坑(槽)支护结构的主要作用是支撑土壁,此外,钢板桩、混凝土板桩及水泥土搅拌桩等围护结构还兼有不同程度的隔水作用。基坑(槽)支护结构的形式有多种,根据受力状态可分为横撑式支撑、重力式支护结构、板桩式支护结构等,其中,板桩式支护结构又分为悬臂式和支撑式。

1. 横撑式支撑

开挖较窄的沟槽,多用横撑式土壁支撑。横撑式土壁支撑根据挡板的不同,分为水平挡土板式以及垂直挡土板式两类。前者挡土板的布置又分间断式和连续式两种。湿度小的黏性土挖土深度小于 3m 时,可用间断式水平挡土板支撑;对松散、湿度大的土可用连续式水平挡土板支撑,挖土深度可达 5m。对松散和湿度很高的土可用垂直挡土板式支撑,其挖土深度不限。挡土板、立柱及横撑的强度、变形及稳定等可根据实际布置情况进行结构计算。

2. 重力式支护结构

重力式支护结构是指主要通过加固基坑周边土形成一定厚度的重力式墙,以达到挡土的目的。水泥土搅拌桩(或称深层搅拌桩)支护结构是近年来发展起来的一种重力式支护结构。它是用搅拌机械将水泥、石灰等和地基土相搅拌,形成相互搭接的格栅状结构形式,也可相互搭接成实体结构形式,这种支护墙具有防渗和挡土的双重功能。

3. 板式支护结构

板式支护结构由两大系统组成:挡墙系统和支撑(或拉锚)系统。悬臂式板桩支护结构则不设支撑(或拉锚)。

挡墙系统常用的材料有槽钢、钢板桩、钢筋混凝土板桩、灌注桩及地下连续墙等。钢板桩有平板形和波浪形两种。钢板桩之间通过锁口互相连接,形成一道连续的挡墙。由于锁口的连接,使钢板桩连接牢固,形成整体。同时也具有较好的隔水能力。钢板桩截面积小,易于打入,U形、Z形等波浪式钢板桩截面抗弯能力较好。钢板桩在基础施工完毕后还可拔出重复使用。

支撑系统一般采用大型钢管、H型钢或格构式钢支撑,也可采用现浇钢筋混凝土支撑。拉锚系统材料一般用钢筋、钢索、型钢或土锚杆。根据基坑开挖的深度及挡墙系统的截面性能可设置一道或多道支点。基坑较浅,挡墙具有一定刚度时,可采用悬臂式挡墙而不设支撑点。支撑或拉锚与挡墙系统通过围栏、冠梁等连接成整体。

板桩墙的施工根据挡墙系统的形式选取相应的方法。一般钢板桩、混凝土板桩采用打入法,而灌注桩及地下连续墙则采用就地成孔(槽)现浇的方法。

4.地下连续墙

地下连续墙是以专门的挖槽设备,沿着深基或地下构筑物周边,采用触变泥浆护壁,按设计的宽度、长度和深度开挖沟槽,待槽段形成后,在槽内设置钢筋笼,采用导管法浇筑混凝土,筑成一个单元槽段的混凝土墙体。依次继续挖槽、浇筑施工,并以某种接头方式将相邻单元槽段墙体连接起来形成一道连续的地下钢筋混凝土墙或帷幕,用以防渗、挡土、承重的地下墙体结构。

地下连续墙可以用作深基坑的支护结构,也可以既作为深基坑的支护又用作建筑物的地下室外墙,后者更为经济。

第二节　边坡工程施工技术

边坡是由天然地层构成的,开挖后暴露于大气中,受到各种自然和人为因素的影响,容易发生变形和破坏。边坡的稳定与施工方法有着密切关系。

边坡施工包括边坡的开挖与填筑、边坡防护与支挡加固工程的修筑等。边坡开挖方式应根据深度和纵向长度以及地形、土质、土方调配情况和开挖机械设备等因素确定,以提高工作效率,加快施工进度。

一、边坡工程施工的一般规定

边坡工程施工的一般规定如下所示。

(1)边坡工程应根据其安全等级、边坡环境、工程地质和水文地质等条件编制施工方案,采取合理、可行、有效的措施保证施工安全。

(2)对土石方开挖后不稳定或欠稳定的边坡,应根据边坡的地质特征和可能发生的破坏等情况,采取自上而下、分段跳槽、及时支护的逆作法或部分逆作法施工。严禁无序大开挖、大爆破作业。

(3)不应在边坡潜在塌滑区超量堆载,危及边坡稳定和安全。

(4)边坡工程的临时性排水措施应满足地下水、暴雨和施工用水等排放要求,有条件时宜结合边坡工程的永久性排水措施进行。

(5)边坡工程开挖后应及时按设计实施支护结构或采取封闭措施,避免长期裸露,降低边坡稳定性。

(6)一级边坡工程施工应采用信息施工法。

二、边坡开挖的前期准备

(一)征地拆迁

边坡涉及的征地按用途可分为临时设施用地(包括生活区、生产区、临时道路用地等)征地拆迁和路基施工用地征地拆迁。施工单位进场前应提供给施工业主一份用地平面位置图,说明征地拆迁用途、拆迁建筑物的结构类型、建筑面积以及其他构造物的规格和数量。

(二)测量放样

施工恢复定线测量及施工放样是施工准备阶段的主要技术工作。承包单位根据设计图纸及监理提供的各导线点坐标及水准点高程进行复测,闭合后将复测资料交监理工程师审核。承包人应根据监理工程师批准的定线(位)数据进行施工放线。经过准确放样后,应提供放样数据及图表,报监理工程师审批。经批准后,承包人才可进行清理地表、开挖边坡等工程施工。测量精度应满足有关工程验收标准或合同规定的施工技术标准要求。

(三)开挖边坡前应做的排水设施

由于水是造成边坡各种病害的主要原因,所以不论采取何种开挖方法,均应保证开挖过程中及竣工后的有效排水。

在边坡开挖前,应在开挖边坡的上方适当距离(一般为5m)处做好截水沟,土方工程施工期间应修建临时排水沟。临时排水设施与永久性排水设施相结合,流水不得排于农田、耕地,污染自然水源,也不得引起淤积和冲刷。

边坡施工时应注意经常维修排水沟渠,保证流水畅通。渗水性土质或急流冲刷地段的排水沟应予以加固,防渗防冲。水文地质不良地段,必须严格处理好坡顶排水,引走一切可能影响边坡稳定的地面水和地下水,在边坡走向的方向上保持一定的纵向坡度(单向或双向),以利排水。

三、岩石边坡开挖的基本要求和开挖方式

(一)基本要求

在开挖程序确定之后,根据岩石条件、开挖尺寸、工程量和施工技术要求,通过方案比较拟定合理的方式。有以下几个基本要求。

(1)保证开挖质量和施工安全。

(2)符合施工工期和开挖强度的要求。

(3)有利于维护岩体完整和边坡稳定性。施工时需要首先提出合理的开挖步骤,且每开挖一步都必须确保工程施工期安全;必要时需做施工验算。

(4)可以充分发挥施工机械的生产能力。

(5)辅助工程量小。

(二)开挖方式

按照破碎岩石的方法,开挖方式主要有钻爆开挖和直接应用机械开挖两种。20 世纪 80 年代初,国内外出现了一种用膨胀剂作为破岩材料的"静态破碎法"。

1.直接应用机械开挖

使用带有松土器的重型推土机破碎岩石,一次破碎深度 0.6～1.0m。该法适用于施工场地宽阔、大方量的软岩石方工程。优点是没有钻爆工序作业,不需要风、水、电辅助设备,不但简化了场地布置,而且施工进度快,生产能力高,但不适于破碎坚硬岩石。

2.爆破开挖

爆破开挖是当前广泛采用的开挖施工方法。开挖方式有薄层开挖、分层开挖(梯段开挖),全断面一次开挖和特高梯段开挖等。

3.静态破碎法

在炮孔内装入破碎剂,利用药剂自身产生的膨胀力,缓慢地作用于孔壁,经过数小时至 24h 达到 300～500MPa 的压力,使介质开裂。该法适用于在设备附近、高压线下以及开挖与浇筑过渡段等特定条件下的开挖和切割岩石或拆除建(构)筑物。优点是使用安全可靠,没有爆破所产生的公害;缺点是破碎效率低,开裂时间较长。对于大型或复杂工程,主要使用破碎剂时,还要考虑使用机械挖除等联合手段或者与控制爆破配合,才能提高工作效率。

四、土方路堑边坡的开挖方法

(一)横挖法

1.一层横挖法

对路堑整个横断面的宽度和深度,从一端或两端逐渐向前开挖的方法称为横挖法。这种开挖方法适用于开挖深度小且较短的路堑。

2.多层横挖法

路堑虽较短,但深度较大时,可分成几个台阶进行开挖。但各层要有独立的出土道和临时排水设施。分层横挖法使得工作面纵向拉开,多层多向出土,可容纳较多的施工机械,若用挖掘机配合自卸汽车进行,台阶高度可采用 3～4m。人力横挖时,一般为 1.5～2.0m。

(二)纵挖法

1.分层纵挖法

沿路堑全宽以深度不大的纵向分层挖掘前进的作业方式称为分层纵挖法本法适用于较长的路堑开挖。施工中,当路堑长度较短(小于100m)、开挖深度不大于 3.0m、地面较陡时,宜采用推土机作业,其适当运距为 20～70m,最远不宜大于 100m;当地面横坡较平缓时,表面宜横向铲土,下层宜纵向推运;当路堑横向宽度较大时,宜采用两台或多台推土机横向联合作业;当路堑前方为陡峻山坡时,宜采用斜铲推土。

2.通道纵挖法

沿路堑纵向挖掘一条通道,然后将通道向两侧拓宽。上层通道拓宽至路堑边坡后,再开挖下层通道,按此方向直至开挖到挖方路基顶面高程,称为通道纵挖法。这是一种快速施工的有效方法,通道可作为行驶运输土方车辆的道路,便于挖掘和外运的流水作业。

3.分段纵挖法

沿路堑纵向选择一个或几个适宜处,将较薄一侧路堑横向挖穿,将路堑在纵方向上按桩号分成两段或数段,各段再纵向开挖,称为分段纵挖法。本法适用于路堑较长,弃土运距过远的傍山路堑或一侧的堑壁不厚的路堑开挖。同时还应满足其中各段有经批准的弃土场,土方调配计划有多余的挖方废弃条件。

4.混合式开挖法

混合式开挖法是将横挖法与通道纵挖法混合使用,这种方法适用于路堑纵向长度和深度都很大时。先将路堑纵向挖通,然后沿横向坡面进行挖掘,以增加开挖坡面。每一个坡面应设一个机械施工班组进行作业。

5.挖方边坡的地面排水措施作业

挖方边坡的地面排水措施包括边沟、截水沟、排水沟、跌水和急流槽

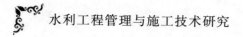

等地面排水设施。

五、填方边坡的施工

填筑边坡应分层填筑分层压实,并达到规定的压实度。压实度是指工地上压实达到的干容重 γ 与用室内标准压实试验所得的该类填筑土的最大干容重 γ 之比(意为压实的程度),用 K 表示,即

$$K = \frac{\gamma}{\gamma_0} (6-1)$$

在填方工程中也可采取竖向填筑,由于填土过厚而难以压实,因此应选用高效能的压实机械压实或采用强夯技术进行压实。下层采用竖向填筑法而上层采用水平分层填筑法的混合填筑法,上部经分层碾压后,达到足够的压实度。

六、边坡绿化工程施工

边坡绿化工程施工方法的合理选择、施工质量的严格保证是绿化技术得以有效实施并发挥其工程效益、经济效益以及社会效益的前提条件。不同的边坡绿化技术,边坡绿化施工的具体方法与施工管理也不同。边坡绿化施工应以边坡的安全稳定和绿化植被的适应性为基础。

(一)边坡绿化施工工艺

随着边坡绿化技术在工程实际中的广泛应用,虽然施工呈现多样化,但绿化总体工艺一般为:边坡清理、施工放样、配套土木工程措施施工、绿化施工及养护管理。下面以植被混凝土生态防护技术为例,具体说明边坡绿化技术的施工工艺。

1. 施工准备
施工准备包含基础勘察、计划安排、预算编制、材料购买等。

2. 清理坡面
施工前必须对坡面进行清理,以达到工艺技术要求。利用手动工具清除坡面突出、松散的石块、浮根和杂物,排除落石隐患,确保坡面基本平顺,尽可能平整坡面。坡面清理应有利于基材混合物和边坡坡面的自然结合,禁止出现倒坡。其主要功能是促使边坡稳定,同时为生态修复工程提供基础。山体原有的植被不宜破坏,对局部较光滑稳定坡面的岩石,可以保持裸露状态或者采取相应的工程措施,使其贴近自然。

3. 铺设固定复合网及安装锚钉

锚钉与网的作用主要是把基材混合物与坡面岩土体紧密的连接在一起,以保持基材在坡面之上的稳定,提供给坡面植物稳定的生长环境。复合网进行网片铺设时,要张紧并搭接好,保证全坡面覆盖;网片距坡面保持 2/3 喷层厚度的距离,否则用垫块支撑;网片需进行搭接时,搭接宽度不应小于 5cm,搭接处应用扎丝扎紧,避免松脱。锚钉应垂直于坡面打入,对于间距、深度、出露长度等严格按照设计要求施工。安装完毕后,将复合网与锚钉接合处也要用扎丝固定,并严禁人员利用其攀援而上。

4. 喷植被混凝土

采用混凝土搅拌机拌和植被基材混合物,单次拌和时间不应小于 1min。采用人工上料方式,把拌和均匀的基材混合物倒入混凝土喷射机。喷播应正面进行,不应仰喷,凹凸部及死角要尤其注意。基材混合物的喷播分两次进行,首先喷射不含种子的植被基材(称之为底层),然后喷播富含种子的植绿基材(称之为表层),植绿基材厚 1~2cm。整个喷层厚度符合设计要求,基材应喷射均匀,禁止漏喷;整个喷播过程中应严格控制水量;在雨天或有大风时应尽量避免喷播施工;喷播施工后几小时内如果有降雨,可能导致面层淋失,必须采取防护措施,尽快覆盖。

5. 覆盖无纺布

在喷射完工后,覆盖 $28g/m^2$ 的无纺布,并用竹扦或木扦将其固定在坡面,营造种子快速发芽的环境,然后喷水养护,基材保持湿润状态约 50 天,茵茵绿草即可将坡面完全覆盖。或者采用秸秆、干草或塑料薄膜对刚喷播完毕的边坡进行覆盖。覆盖物应铺设牢固,同坡面接触紧密,防止风吹。覆盖的目的有以下几个方面。

（1）减少边坡表面水分蒸发，给种子发芽和生长提供一个较湿润的小生态环境。

（2）缓冲坡面温度，减少边坡表面温度波动，保护已萌发种子和幼苗免遭温度变化过大而受伤害。

（3）减缓浇灌水滴的冲击能量，防止面层因水量过大而淋湿。

6.养护

根据植被基材的颜色确定浇水时间。当基材颜色变浅时，应及时浇水；为防止温度过高，烧伤幼苗，夏季和早秋应避免在午后强烈的阳光下洒水养护；同时为了减少病虫害，夏季还应避免在傍晚浇水。一般采用雾状水向坡面喷洒，禁止采用高压射流冲击坡面。由于边坡难于积水，且喷播的植被层有一定强度，浇水应遵循适量、缓慢、均匀、多次的原则。对于喷灌系统遗漏部位，采取人工补浇的方式，补浇应及时适量；养护中发现秃斑或植被层脱落，及时采取有效措施修补。

（二）边坡绿化施工管理

1.工序管理

工序管理包括进度管理、作业量管理和安排管理。其中进度管理是为了预防施工过程中的各种不确定因素。例如，因雨天作业困难及播种作业工序有季节的限制，所以必须将边坡的清理、张拉金属网、材料劳务供应、机械搬入等前期工序的预定与实施，用工序表进行对比，使播种工序不致延迟其他工序的进行。作业管理关系着边坡的面积，必须事先制成展开图等，以便能经常掌握作业面积。安排管理就是合理地对材料进行储藏和保管，并规范现场的贮藏地点、贮藏方法以及使用顺序，保证施工中材料的正常供给。

2.质量管理

在边坡绿化工程的整个施工过程中，为保证施工质量，必须对施工全过程进行有效的质量管理。其内容主要包括原材料质量管理、基础工程质量管理、播种工程质量管理和前期养护质量管理等方面。

第三节　基坑开挖施工技术

一、岩基开挖

岩基开挖就是按照设计要求,将风化、破碎和有缺陷的岩层挖除,使水工建筑物建在完整坚实的岩石上。基坑开挖与一般土石方开挖比较,虽无本质区别,但由于基坑开挖特别是岩基开挖的施工条件、施工质量等方面的特殊要求,必须从施工技术、组织措施上解决好以下问题。

(一)做好基坑排水工作

在围堰闭气后,立即排除基坑积水及围堰渗水,布置好排水系统,配备足够的排水设备,边下挖基坑边排水,降低和控制水位,确保开挖工作不受水的干扰。

(二)合理安排开挖程序,保证施工安全

由于受地形、时间和空间的限制,水工建筑物基坑开挖一般比较集中,工种多,安全问题比较突出。因此,基坑开挖的程序,应本着自上而下,先岸坡,后河槽的原则。如果河床很宽,也可考虑部分河床和岸坡平行作业,但应采取有效的安全措施。无论是河床还是岸坡,都要由上而下,分层开挖,逐步下降。

(三)规划运输线路,组织好出渣运输工作

出渣运输线路的布置要与开挖分层相协调。开挖分层的高度,与地形、地质、施工设备、施工强度、爆破方式等因素有关,一般范围在5m～30m之间。故运输道路也应分层布置,将各层的开挖工作面和通向堆渣场的运输干线联结起来。基坑的废渣最好加以利用,直接运至使用地点或指定的地点暂时堆放。出渣运输道路的规划,应该在施工总体布置中,尽可能结合场内交通的要求一并考虑,以利于开挖和后续工序的施工,节省临时道路的投资。

出渣运输工作的组织,对于开挖进度和费用影响较大,宜按统筹规划的原理,将开挖、运输和堆存作为一个系统,依照运输距离或运输费用最小的原则进行组织。

(四)正确地选择开挖方法,保证开挖质量

岩基开挖的主要方法是钻孔爆破法。坝基岩石开挖,应采用分层梯段爆破;边坡轮廓面开挖,应采用预裂爆破;紧邻水平基建面,应采用预留岩体保护层,并对保护层进行分层爆破。开挖偏差的要求为:对节理裂隙不发育、较发育、发育和坚硬、中硬的岩体,水平建基面高程的开挖偏差,不应大于20cm,设计边坡轮廓面的开挖偏差,在一次钻孔深度条件下开挖时,不应大于其开挖高度的2%,在分台阶开挖时其最下部一个台阶坡脚位置的偏差,以及整体边坡的平均坡度,均应符合设计要求。

坝基岩石开挖,一般采用延长药包梯段爆破,毫秒分段起爆,最大一段起爆药量,不得大于500kg。对不具备梯段地形的岩基,应先进行平地拉槽毫秒起爆,创造梯段爆破条件。紧邻水平建基平面的爆破,应防止爆破对基岩的不利影响,一般采取预留保护层的方法。保护层的开挖是控制基岩质量的关键,其要点是:分层开挖,梯段爆破,控制一次起爆药量,控制爆破振动影响。对于基建面1.5m以上的一层岩石,应采用梯段爆破,炮孔装药直径不应大于40mm,手风钻钻孔,一次起爆药量控制在300kg以内;保护层上层开挖,采用梯段爆破,控制药量和装药直径;中层开挖控制装药直径;中层开挖控制直径小于32mm采用单孔起爆,距建基面0.2m厚度的岩石,应进行撬挖。边坡预裂爆破或光面爆破的效果,应符合:在开挖轮廓面上,残留炮孔痕迹均匀分布,对于节理裂隙不发育的岩体,炮孔痕迹保存率,应达到80%以上,对节理裂隙较发育和发育的岩体,应达到80%~50%,对节理裂隙极发育的岩体,应达到50%~10%;相邻炮孔间爆破面的不平整度,不应大于15cm;预裂炮孔和梯段炮孔在同一个爆破网络中时,预裂孔先于梯段孔起爆的时间不得小于75~100ms。

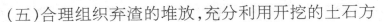

（五）合理组织弃渣的堆放，充分利用开挖的土石方

大中型工程土石方的开挖量往往很大，需要大片堆渣场地。如果能够充分利用开挖的弃渣，不仅可以减少弃渣占地，而且可以节约建设资金。

不少工程利用基坑开挖的弃渣来修筑土石副坝或围堰，将合格的碎石料加工成混凝土骨料等等。为此，必须对整个工程进行土石方平衡。所谓土石方平衡，就是对整个工程的土石方开挖量和土石方堆筑量进行全面规划，做到开挖和利用相结合，就近利用有效开挖土方量。通过平衡合理确定弃渣的数量，规划弃渣的堆场和使用顺序。

在规划弃渣堆场时，要考虑施工和运输方面的要求，避免二次倒运，不能影响围堰防渗闭气，抬高尾水位和堰前水位，阻滞河道水流，影响水电站、泄水建筑物和导流建筑物的正常运行，影响度汛安全等。弃渣场宜不占或少占耕地，有条件时应结合堆（弃）渣造地。不得占用其他施工场地和妨碍其他工程施工，出渣运输和堆（弃）渣不得污染环境。

二、软基开挖

软基开挖的施工方法和一般土方开挖方法相同，由于地基的施工条件比较特殊，常会遇到一些特殊地质条件，应采取相应的措施，确保开挖工作顺利进行。

（一）淤泥

淤泥的特点是颗粒细、水分多、上面无法行人。应根据下面几种情况分别采取措施。

1. 稀淤

稀淤的特点是含水量很大，流动性也大，挖不成锹，装筐易漏。当稀淤不深时，可将干砂倒入稀淤中，逐渐进占挤淤筑成土埂，填好后即可在埂上进行挖运。如稀淤面积大，可同时添筑土埂多条以便防止稀淤乱流；当稀淤深广，可将稀淤用土埂围起，不使其外流，并在附近无淤地点开挖深塘,借土还淤。即在与稀淤交界处留埂拦淤,挖妥后拆除留埂,将稀淤放入开挖地段。当稀淤流动不畅时,可用柴捆成梢枕,用人力压枕挤淤排入深塘。

2.烂淤

烂淤的特点是淤层较厚,含水量较小,粘性大,锹插入后,不易拔起,拔起后烂淤又粘锹不易脱离。为避免粘锹,每锹必须蘸水,或用三股叉或五股叉代替铁锹;为了能有立足地,可采用一点突破法或苇排铺路法。用前法挖淤时自坑边沿起,集中力量突破一点,挖到淤下硬土,再向四周扩展。后法采用芦苇扎成枕,每三枕用桩连成苇排,铺在烂淤上,人在苇排上挖运。

3.夹砂淤

夹砂淤的特点是层砂层淤,如每层厚度较大,可采用前述方法开挖。如厚不盈尺,挖前必须先将砂面晾干,至能站人时,方可开挖,挖时应连同下层夹砂一齐挖净,勿使上下层砂淤混淆,造成施工困难;如有条件可采用机械清淤,如采用挖掘机挖除软质及砂质淤泥,清淤机进行渠道清淤、泥浆泵挖除稀淤泥等。

(二)流砂

当采用明式排水法开挖基坑时,由于原地下水位与基坑内水位相差悬殊,因此,形成的动水压力也大。可能使渗流挟带泥沙从基坑底部向上喷冒,在边坡上形成管涌、流土现象,即流砂现象。流砂现象一般发生在非粘性土中,且与颗粒大小、动水压力的作用有关,不仅细砂、中砂可能发生流砂现象,有时粗砂也可能发生流砂现象。这主要取决于砂土的含水量、孔隙率、粘粒含量和动水压力的水力坡度。开挖流砂层,首要的问题是"排水",即把流砂层中的水排出;其次是"封闭",即把开挖区的流砂与整个流砂层隔离开。开挖时可在流砂中先行沉入竹筐、柳条筐等,使水与砂分开流入筐内,然后集中力量排出筐内的水,使筐外积砂易于挖除。当流砂层厚度在 4~5m 以下,土质条件又允许时,可放坡 1:4~1:8 进行开挖。有时需要采取稳定边坡的措施。

当基坑坡面较长,基坑需要开挖较深时,可采用柴枕拦砂法。这种方法,一方面可截住因降水而造成的坡面流砂;另一方面可防止因坡内动水压力造成的坡脚塌陷。堆填柴枕时要紧密,以免泥沙从柴枕间流出。对于面积不大和不深的基坑,常用的护面做法有以下几种。

1.砂石护面

在坡面上先铺一层粗砂,再铺一层小石子,每层厚 5～8cm,在坡脚处设排水沟。沟底及两侧铺设同样的反滤层。以保护坡面不受地面径流冲刷和防止坡内流携带泥沙。

2.柴枕护面

在坡面上铺设爬坡式柴枕,为了防止柴枕下坍,可沿坡脚向上,每隔适当距离打入枕桩。在坡脚处同样设排水沟,沟底及两侧设柴枕,以保证拦滤泥沙;如有条件,可用木板桩或钢板桩将流砂层封堵隔离,在板桩保护下进行开挖。

3.泉眼

泉眼的产生,一般是由于基坑排水不畅,地下水未能很快地降低。以致地下水穿过薄弱土层,向外流出;或者是由于底下渗出的承压水头所造成。泉眼的位置往往就是地质钻探的钻孔。当地质钻探完毕后,钻孔常用黄砂填实。从钻孔冒出的水流大多是清水,危害不大,只要将冒出的水流引向集水井,排出基坑以外即可。处理泉眼,可先在泉眼上抛粗砂一层,其上再铺小石子一层,泉眼中带泥沙的浑水,经过砂石滤层后,即变为清水流出,再将其引至附近的排水沟中。如果泉眼位于建筑物底部,则应在泉眼上浇筑混凝土,这就需要先在泉眼上铺设砂石滤层,并需用竹管或铁管将泉水引出混凝土以外,管子浇入混凝土中,最后拌制较干的水泥砂浆,将管孔堵塞。若向泉眼内抛填小石子,或针对泉眼打入木桩,或用铁锅反盖在泉眼上等,结果不是泉眼越堵越大,就是这边泉眼堵塞而另一边又产生,不能获得良好的效果。

(三)粉细砂

粉细砂处于湿润状态时的内摩擦角达 38°,且有微粘性,可以开挖成很陡的边坡。但当坡面有渗水或外力扰动,可能产生流滑,开挖坡面急剧变缓。因此,粉细砂的合理开挖方法与粉细砂含水量大小、渗流、补水情况及压重、开挖机械都有密切关系。

1. 无压重,无渗流粉细砂层

处于湿润状态的粉细砂具有假黏聚力,可直接利用装载机或反铲开挖,形成陡坡。但坡面会因失水干燥或雨水冲刷而滑塌,形成顶部 1m 范围内为陡坎,以下为松散堆积的坡面(坡角接近自然休止角);粉细砂水下部分一般采用蓄水法,利用抓斗、反铲直接开挖。

2. 有压重,无渗流情况

干地直接开挖面应距路堤或压重的坡脚一定距离,以防止开挖粉细砂危及路堤安全。形成的粉细砂开挖面只宜短期暴露,应尽快施工护坡或挡土结构。

土坝及围堰采用垂直截渗措施截断坝体及地基渗流后的基坑粉细砂开挖,宜先形成抽水基坑。再在坑内抽水,控制抽水速度不大于 $0.6m/d$,使粉细砂中的潜水逐渐排出。在干地环境中进行压坡石渣堤施工,即可大规模地干地开挖基坑内的粉细砂。

3. 有渗流情况

粉细砂坡面有渗水溢出时,应采取措施防止开挖过程中出现流砂。

(1)无支护开挖:若先抛石压坡,再挖粉细砂,抛石体会加大滑动力,不利于开挖坡稳定。合理开挖程序是,粉细砂未露出前,先沿开挖线抽槽,形成粉细砂稳定开挖坡面后,再按反滤要求抛投压坡料,然后抽水开挖。

(2)支护开挖:垂直开挖粉细砂,须采用排桩、地下连续墙、钢板桩或冻结帷幕支护后进行开挖;当结合建筑物基础时,也可采用沉井、沉箱结构。由于排桩有缝隙,必须结合深层搅拌或高喷帷幕防渗及深井抽水防止流砂。

4.水中开挖粉细砂

(1)动水中开挖:利用抛石束窄河床,加大流速,冲刷上部粉细砂。

(2)静水中开挖:采用水下开挖机械(绞吸式、链斗式挖泥船、吸泥泵、空气吸泥机等)直接开挖。水下开挖粉细砂,初期可形成1:1.8甚至更陡边坡。但会逐渐变缓,几天后即达1:6~1:12的稳定缓坡。因此,应在挖粉细砂后的边坡处于陡坡状态时抓紧填筑。

三、防渗墙施工

混凝土防渗墙是修建在挡水建筑物地基透水地层中的防渗结构,是地下连续墙的一种特殊构造形式。其作用是控制地下渗流,减少渗透流量,保证建筑物地基渗透稳定,是解决深层覆盖中渗流的有效措施。我国防渗墙施工技术的很早就开始发展了。目前,在水利工程中,深度超过40m的防渗墙已不计其数,其中小浪底防渗墙最大深度为81.9m,表明我国的施工技术水平已经能够在复杂地基上建造防渗墙工程。防渗墙之所以得到广泛的应用,是因为它结构可靠、防渗效果好、适应不同的地层条件、施工方便快速、不受地下水位影响、造价较低。

混凝土防渗墙施工顺序主要分为准备、造孔、泥浆及泥浆系统、浇筑混凝土等。

(一)施工准备

造孔前应根据防渗墙的设计要求,做好定位、定向工作。同时要沿防渗墙轴线安设导向槽,用于防止孔口坍塌,并起钻孔导向作用。槽板一般为混凝土。其槽孔径宽一般略大于防渗墙的设计厚度,深度一般约2.0m;松软地层应采取加密措施,加密深度一般为5~6m,导向槽的深度宜大些。为防止地表水倒流及便于自流排浆,导向槽顶部高程应高于地面高程。钻机轨道应平行于防渗墙的中心线;倒浆平台基础采用现浇混凝土;临时道路应畅通无阻,并确保雨季施工。

（二）造孔

在造孔过程中,需要注入泥浆。因泥浆比重大,有黏性,防止塌壁,要求泥浆面保持在导墙顶面以下 30～50cm。造孔多用钻机进行。常用的有冲击钻和回转钻两种,工程中多用前者。槽孔孔壁应平整垂直;不应有梅花孔、小墙等;孔位偏差不大于 3cm,孔斜率应不得大于 0.4%,如地层含有孤石、漂石等特殊情况,孔斜率可控制 0.6% 以内;一、二期槽孔接头套接孔的两期孔位中心在任一深度的偏差值,不得大于设计墙厚的 1/3。造孔类型有圆孔和槽孔两种。

圆孔防渗墙是由互相搭接的混凝土柱组成。施工时,先建单号孔柱,再建双号孔柱,搭接成为一道连续墙。这种墙由于接缝多,有效厚度相对难以保证,孔斜要求较高,施工进度较慢,成本较高,已逐渐被槽孔取代。

槽孔防渗墙由一段段厚度均匀的墙壁搭接而成。施工时先建单号墙,再建双号墙,搭接成一道连续墙。这种墙的接缝减少,有效厚度加大,孔斜的控制只在套接部位要求较高,施工进度较快,成本较低。下面以槽孔型防渗墙为例进行介绍。

为了保证防渗墙的整体性,应尽量减少槽孔间的接头,尽可能采用较长的槽孔。但槽孔过长,可能影响混凝土墙的上升速度(一般要求不小于 2m/h),导致产生质量事故;需要提高拌和与运输能力,增加设备容量,不经济。所以槽孔长度必须满足下述条件,即

$$L \leq \frac{Q}{KBV} \quad (6-2)$$

式中:L 为槽孔长度,m;Q 为混凝土生产能力,m²/h;B 为防渗墙厚度,m;V 为槽孔混凝土上升速度,m/h;K 为墙厚扩大系数,可取 1.2～1.3。

槽孔长度根据地层特性、槽孔深浅、造孔机具性能、工期要求和混凝土生产能力等因素综合分析确定,一般为 5m～9m。深槽墙的槽壁易塌段长宜取小值。

根据土质不同,槽孔法又可分为钻劈法和平打法两种。钻劈法适用

于砂卵石或土粒松散的土层。施工时先在槽孔两端钻孔,称为主孔。当主孔打到一定深度后,由主孔放入提砂桶,然后劈打临近的副孔,把砂石挤落在提砂筒内取出;副孔打至距主孔底 1m 处停止,再继续钻主孔,如此交替进行,直至设计深度。

平打法施工时,先在槽孔两端打主孔,主孔较一般孔深 1m 以上,中间部分每次平打 20cm～30cm,适用于细砂层。

为保证造孔质量,在施工过程中要控制混凝土粘度、比重、含砂量等指标,使其在允许范围内,严格按操作规程施工;保持槽壁平直,孔斜、孔位、孔宽、搭接长度、嵌入基岩深度等满足设计要求,防止钻漏、漏挖和欠钻、欠挖。造孔结束后,要做好终孔验收。造孔完毕后,对造孔质量进行全面检查,合格后,方可进行清孔换浆。清孔换浆可采用泵吸法或气举法,清孔结束 1h 后,应达到以下标准:孔底淤积厚度不大于 10cm;使用粘土浆时,孔内泥浆密度不大于 $1.30g/cm^3$,粘度不大于 30s,含砂量不大于 10％;当使用膨润土泥浆时,应根据实际情况另行确定。清孔换浆合格后,应于 4h 内开浇混凝土。二期孔槽清孔换浆结束前,应清除接头混凝土端壁上的泥皮,一般采用钢丝刷子钻头进行分段刷洗,达到刷子上基本不带泥屑,孔底淤积不再增加,即合格。

(三)泥浆及泥浆系统

建造槽孔时,孔内的泥浆具有支承孔壁、悬浮、携带钻渣和冷却钻具作用。因此要求泥浆具有良好的物理性能、流变性能、稳定性以及抗水泥污染的能力。

根据施工条件、造孔工艺、经济技术指标等因素选择拌制泥浆的土料。优先选用膨润土。拌制泥浆的粘土,应进行物理试验、化学分析和矿物鉴定。选用粘粒含量大于 50％,塑性指数大于 20,含砂量小于 5％,二氧化硅与三氧化二铝含量的比值为 3～4 的粘土为宜。泥浆的性能指标和配合比,必须根据地层特性、造孔方法、泥浆用途,通过试验加以选定。拌制泥浆应选用新鲜洁净的淡水配制泥浆,必要时可进行水质分析,进行判别。按规定配合比拌制泥浆,误差值不得大于 5%。贮浆池内的泥浆应经常搅动,保持泥浆性能指标的均一。确定泥浆的技术指标,必须根据具体工程的地质和水文地质条件,成槽方法和使用部位等因素确定,如在松散地层中,浆液漏失严重,应选用黏度大、静切力高的泥浆;土坝加固时,为防止泥浆压力作用产生新的裂缝,宜选用密度较小的泥浆;粘土在碱性溶液中容易进行离子交换,有利于泥浆的稳定性,故应选用 pH 值大于 7 的泥浆为宜。但 pH 值过大,反而降低泥浆固壁的性能,一般取 7~9。施工中应从以下几个方面控制泥浆的质量。

施工现场定时测定泥浆的密度、粘度和含砂量,在试验室内进行胶体率、失水量、静切力等项试验,以全面评价泥浆质量和控制泥浆质量指标;严格按操作规程作业。如防止砂卵石和其他杂质与制浆料相混;不允许随意掺水;未经试验的两种泥浆不允许混合使用;应做好泥浆的再生净化和回收利用,以降低成本,保护环境。根据已有工程的实践,在粘土或淤泥中成槽,泥浆可回收利用 2~3 次,在砂砾石中成槽,可回收利用 6~8 次。

泥浆系统完备与否,直接影响防渗墙的造孔的质量。泥浆系统主要包括:料仓、供水管路、量水设备、泥浆搅拌机、贮浆池、泥浆泵以及废浆池、振动筛、旋流器、沉淀池、排渣槽等泥浆再生净化设施。

(四)浇筑混凝土

防渗墙混凝土浇筑和一般的混凝土浇筑最大的不同,在于它是在泥浆下进行的。所以,除满足混凝土的一般要求外,还需要注意以下特殊要求。

不允许泥浆和混凝土掺混,形成泥浆夹层。输送混凝土导管下口始终埋在混凝土内部,防止脱空;混凝土只能从先倒入的混凝土内部扩散,混凝土与泥浆只能始终保持一个接触面。

混凝土浇筑要连续、上升要均衡。由于无法处理混凝土施工缝,因此,要连续注入混凝土,均匀上升,直到全槽成墙;确保混凝土与基岩面及一、二期混凝土间的结合面的质量。防渗墙混凝土浇筑,最常用的方法是混凝土导管提升法。即沿槽孔轴线方向布置若干组导管,每组导管是由若干节内径为 200mm~250mm 的钢管组成。除顶部和底部设数节 0.3~1.0m 短管外,其余每节长均为 1~2m。导管顶部设受料斗,整个导管悬挂在导向槽上，并通过提升设备升降。导管安设时，要求管底与孔底距离为 10cm～25cm，以便浇筑混凝土时将管内泥浆排除管外。当槽底不平，高差大于 25cm 时，导管布置在控制范围的最低处。导管的间距取决于混凝土的扩散半径。间距太大，易在相邻导管间混凝土中形成泥浆夹层；间距太小，给现场布置和施工操作带来困难。由于防渗墙混凝土塌落度一般为 18cm～20cm，其扩散半径为 1.5～2.0m，导管间距一般 3.5m 左右，最大不超过 4m；一期槽孔端部混凝土，由于钻孔要套打切去，所以端部导管与孔端间距采用 0.8～1.0m，最大不超过 1.5m。

混凝土浇筑中，要注意开始、中间和收尾三个阶段的施工措施。首先，应仔细检查导管形状、接头、焊缝是否符合要求，然后进行安装。开始浇筑前要在导管内放入一个直径较导管内径较小的木球，再将受料斗充满水泥砂浆，借水泥砂浆的重量将管内木球压至导管底部，将管内泥浆挤出管外，连续加供混凝土，然后将导管稍微上提，使木球被挤出后浮出泥浆面，导管底端被混凝土埋住。要求管口埋入混凝土的深度不得小于 1.0m，也不宜大于 6m。在管内混凝土自重的作用下，槽孔混凝土面不断上升扩散，上升速度控制在 2m/d 以内，当达到距槽口 4～5m 时，由于导管内混凝土压力减小，混凝土扩散能力减弱，易发生堵管或夹泥浆层。此时应加强排浆与稀释，同时抬高漏斗等措施。混凝土浇筑结束后，槽顶应高于设标高 50cm，以确保防渗墙的质量。防渗墙是隐蔽工程，施工中及时记录，加强检查，出现问题及时处理，不留隐患。

第四节　岸坡开挖施工技术

一、分层开挖法

这是应用最广泛的一种方法，即从岸坡顶部起分梯段逐层下降开挖。主要优点是施工简单，用一般机械设备就可以进行施工。对爆破岩块大小和岩坡的振动影响均较容易控制。岸坡开挖时，如果山坡较陡，修建道路很不经济或根本不可能时，则可用竖井出渣或将石渣堆于岸坡脚下，即将道路通向开挖工作面是最简单的方法。

(一)道路出渣法

岸坡开挖量大时,采用此法施工,层厚度根据地质、地形和机械设备性能确定,一般不宜大于 15m。如岸坡较陡,也可每隔 40m 高差布置一条主干道(即工作平台)。上层爆破石渣抛弃工作平台或由推土机推至工作平台,进行二次转运。如岸坡陡峭,道路开挖工程量大,也要由施工隧洞通至各工作面。采用预裂爆破或光面爆破形成岸坡壁面。

(二)竖井出渣法

当岸坡陡峭无法修建道路,而航运、过木或其他原因在截流前不允许将岩渣推入河床内时,可采用竖井出渣法。

(三)抛入河床法

这是一种由上而下的分层开挖法,无道路通至开挖面,而是用推土机或其他机械将爆破石渣推入河床内,再由挖掘机装汽车运走。这种方法应用较多,但需在河床允许截流前抛填块石的情况下才能运用。这种方法的主要问题是爆破前后机械设备均需撤出或进入开挖面,很多工程都是将浇筑混凝土的缆式起重机先装好,钻机和推土机均由缆机吊运。一些坝因河谷较窄或岸坡较陡,石渣推入河床后,不能利用沿岸的道路出渣,只好开挖隧洞至堆渣处,进行出渣。

(四)由下而上分层开挖

当岩石构造裂隙发育或地质条件等因素导致边坡难以稳定,不便采用由上而下的开挖法时,可考虑由下而上分层开挖。这种方法的优点主要是安全,混凝土浇筑时,应在上面留一定的空间,以便上层爆破时供石渣堆积。

二、深孔爆破开挖法

高岸坡用几十米的深孔一次或二三次爆破开挖,其优点是减少爆破出渣交替所耗时间,提高挖掘机械的时间利用率。钻孔可在前期进行,对加快工程建设有利,但深孔爆破技术复杂,难保证钻孔的精确度,装药,爆破都需要较好的设备和措施。

三、辐射孔爆破开挖法

辐射孔爆破开挖法也是加快施工进度的一种施工方法,在矿山开采时使用较多。为了争取工期,加快坝基开挖进度,一般采用辐射孔爆破开挖法。

高岸坡开挖时,为保证下部河床工作人员与机械安全,必须对岸坡采取防护措施。一般采用喷混凝土,锚杆和防护网等措施。喷混凝土是常用方法,不但可以防止块石掉落,对软弱易风化岩石还可起到防止风化和雨水湿化剥落的作用。锚杆用于岩石破碎或有构造裂隙可能引起大块岩体滑落的情况,以保证安全。防护网也是常用的防护措施。防护网可贴岸坡安设,也可与岸坡垂直安设。外国常用的有尼龙网、有孔的金属薄板或钢筋网,多悬吊于锚杆上。当与岸坡垂直安设时,应在相距一定高度处安设,以免高处落石击破防护网。

第七章　水利工程混凝土工程施工技术

第一节　混凝土的分类及性能

一、定义

混凝土是当代最主要的土木工程材料之一。它是由胶凝材料(以水泥居多)、颗粒状集料(也称为骨料)、水,以及必要时加入的外加剂和掺合料,按一定比例配制,经均匀搅拌、密实成型、养护硬化而成的一种人工石材。

钢筋混凝土,使抗压性好的混凝土与抗拉性好的钢筋相结合,因而被广泛应用于建筑结构中。浇筑混凝土之前应先进行绑筋支模,用铁丝将钢筋固定成想要的结构形状,然后用模板覆盖在钢筋骨架外面,最后将混凝土浇筑进去,经养护达到强度标准后拆模,所得就是钢筋混凝土。

二、混凝土分类

按不同标准,混凝土可分为不同的类别。

(一)按胶凝材料分类

混凝土按胶凝材料可分为无机胶凝材料混凝土(如水泥混凝土、石膏混凝土、硅酸盐混凝土、水玻璃混凝土等），和有机胶凝材料混凝土（如沥青混凝土、聚合物混凝土等）。

(二)按表观密度分类

混凝土按照表观密度的大小可分为重混凝土、普通混凝土和轻质混凝土。这 3 种混凝土不同之处就在于骨料的不同。

(1)重混凝土是表观密度大于 $2500kg/m^3$，用特别密实和特别重的集料制成的，如重晶石混凝土、钢屑混凝土等，它们具有不透 X 射线和 γ 射线的性能。

(2)普通混凝土即我们在建筑中常用的混凝土，表观密度为 1950～$2500kg/m^3$，集料为砂、石。

(3)轻质混凝土是表观密度小于 $1950kg/m^3$ 的混凝土，它又可分为 3 类。

①轻集料混凝土，其表观密度在 800～$1950kg/m^3$，轻集料包括浮石、火山渣、陶粒、膨胀珍珠岩、膨胀矿渣、矿渣等。

②多孔混凝土（泡沫混凝土、加气混凝土），其表观密度为 300～$1000kg/m^3$。泡沫混凝土是由水泥浆或水泥砂浆与稳定的泡沫制成的。加气混凝土是由水泥、水与发气剂制成的。

③大孔混凝土（普通大孔混凝土、轻骨料大孔混凝土），其组成中无细集料。普通大孔混凝土的表观密度范围为 1500～$1900kg/m^3$，是用碎石、软石、重矿渣作集料配制的。轻骨料大孔混凝土的表观密度为 500～$1500kg/m^3$，是用陶粒、浮石、碎砖、矿渣等作为集料配制的。

(三)按使用功能分类

混凝土按照使用功能可分为结构混凝土、保温混凝土、装饰混凝土、防水混凝土、耐火混凝土、水工混凝土、海工混凝土、道路混凝土、防辐射混凝土等。

(四)按施工工艺分类

混凝土按照施工工艺可分为离心混凝土、真空混凝土、灌浆混凝土、喷射混凝土、碾压混凝土、挤压混凝土、泵送混凝土等。

(五)按配筋方式分类

混凝土按照配筋方式可分为素混凝土(即无筋混凝土)、钢筋混凝土、钢丝网水泥、纤维混凝土、预应力混凝土等。

(六)按拌合物的和易性分类

混凝土按照拌合物的和易性可分为干硬性混凝土、半干硬性混凝土、塑性混凝土、流动性混凝土、高流动性混凝土、流态混凝土等。

(七)钢筋混凝土按施工方法分类

钢筋混凝土按照施工方法可分为现浇式、装配式或装配整体式和现浇钢筋混凝土楼板。

(1)现浇钢筋混凝土楼板:在施工现场通过支模,绑扎钢筋,浇筑混凝土,养护等工序而成型的楼板。

(2)预制装配式钢筋混凝土楼板:在预制厂或施工现场预制。

(3)装配整体式钢筋混凝土楼板:部分构件预制→现场安装→整体浇筑。

三、技术性质

混凝土的主要技术性质包括混凝土拌合物的和易性、硬化混凝土的强度及耐久性。混凝土在未凝结硬化以前,称为混凝土拌合物或称新拌混凝土,这是相对"硬化混凝土"而言的。

(1)和易性是指混凝土拌合物易于各工序(搅拌、运输、浇筑、捣实)施工操作,并获得质量均匀、成型密实的混凝土性能。

(2)混凝土的强度包括抗压强度、抗拉强度、抗弯强度、抗剪强度及与钢筋的黏结强度等。混凝土的强度主要是指抗压强度,普通混凝土划分为 14 个强度等级:C15、C20、C25、C30、C35、C40、C45、C50、C55、C60、C65、C70、C75 和 C80。其中,C15～C25 在园林工程中使用得较多。

(3)混凝土的耐久性包括抗渗、抗冻和抗侵蚀的性能等。

混凝土强度及耐久性与混凝土的其他性能关系密切,混凝土的强度越大,其刚度、不透水性、抗风化及耐蚀性通常也越高,常用混凝土强度来评定和控制混凝土的质量。

第二节　混凝土的组成材料

一、水泥

水泥通常是指具有水硬性的胶凝材料,水泥类型众多,用量最大的水泥是以硅酸盐水泥和普通硅酸盐水泥为代表的通用硅酸盐水泥。硅酸盐水泥熟料的矿物包括硅酸三钙、硅酸二钙、铝酸三钙和铁铝酸四钙,硅酸盐水泥也被称为第一系列水泥。

在硅酸盐水泥之后还诞生了第二系列水泥和第三系列水泥。第二系列水泥是指以铝酸钙矿物为主的各种铝酸盐水泥(高铝水泥)。第三系列水泥包括各种硫铝酸盐水泥和铁铝酸盐水泥,硫铝酸盐水泥熟料的主要矿物成分为无水硫铝酸钙和少量硅酸二钙;铁铝酸盐水泥熟料的主要矿物有无水硫铝酸钙、硅酸二钙和铁相。

通用硅酸盐水泥包括硅酸盐水泥、普通硅酸盐水泥、矿渣硅酸盐水泥、粉煤灰硅酸盐水泥、火山灰硅酸盐水泥和复合硅酸盐水泥六大类。通用硅酸盐水泥的产量约占我国水泥总产量的90%。

通用硅酸盐水泥生产的核心是水泥熟料煅烧,硅酸盐水泥熟料烧成之后与天然石膏以及不同类型和掺量的混合材共同粉磨,制成不同类型的通用硅酸盐水泥。

硅酸盐水泥熟料的煅烧,目前主要采用预分解窑煅烧技术,即新型干法生产技术,也称窑外预分解技术。预分解窑煅烧技术是将经过悬浮预热后的生料送入分解炉内,在悬浮状态下迅速吸收分解炉内燃料燃烧产生的热量,使生料中的碳酸盐迅速分解的技术。传统的水泥熟料煅烧,其燃料燃烧和需热量大的碳酸盐分解过程都在回转窑内完成。而预分解窑煅烧技术是在悬浮预热窑和回转窑之间增设一个分解炉或利用窑尾上升烟道增设燃料喷射装置,将熟料煅烧所需燃料的大约 60％转移到分解炉内,这样不仅减少了窑内燃烧带的热负荷,更重要的是使燃料燃烧的放热过程与生料碳酸盐分解的吸热过程在悬浮状态或流化状态下极其迅速地进行,入窑生料的分解率由悬浮预热窑的 30％～45％提高到 85％～95％,大幅度提高了生产效率。预分解窑煅烧技术是继悬浮预热窑后水泥工业的又一次重大技术创新,它是水泥生产的主导技术,也代表着回转窑的发展方向。

二、细集料

(一)天然砂和人工砂

早期配制混凝土主要采用自然界中自然生成的天然砂,如天然河道中开采的河砂、天然湖泊中开采的湖砂和山体中开采的山砂,沿海地区采用的海砂也属于天然砂。出于保护环境的长远考虑,我国已经严格限制开采天然砂,很多城市甚至已经禁止开采天然砂。目前,土木工程建设领域使用的集料(包括砂)以人工集料为主。

为了应对天然砂紧缺的问题,目前配制混凝土时多采用人工砂(机制砂)全部或部分替代天然砂。人工砂经机器破碎制成,与天然砂相比,其圆度系数较低,长宽比较大,石粉含量较高,对混凝土拌合物和易性有不利的影响,但是经过长期的科学研究和大量的工程实践,目前采用人工砂配制普通混凝土甚至超高强混凝土的技术已经比较成熟,人工砂混凝土已经在很多大型工程中成功应用。

(二)砂的细度模数和颗粒级配

砂的细度模数反映砂的粗细,但是配制混凝土时,不能仅仅考虑砂的细度模数,还需要考虑砂的颗粒级配。混凝土的砂率相同时,砂的细度模数和颗粒级配对混凝土拌合物性能具有显著影响。砂的质量相同时,细砂的表面积较大,粗砂的表面积较小。配制混凝土时,当砂的用量相同时,随着砂的细度模数降低,砂的总表面积越大,则需要包裹砂粒表面的水泥浆越多;当混凝土拌合物和易性要求已经确定时,显然用较粗的砂拌制比用较细的砂拌制所需的水泥浆量少。但如果砂过粗,就易使混凝土拌合物产生离析和泌水现象,影响混凝土和易性。所以不宜选用过粗和过细的砂,配制混凝土时,优先选用Ⅱ区中砂。如果没有Ⅱ区中砂,或者砂颗粒级配较差,可以在筛分试验的基础上,外掺部分粒径范围的砂来配成级配良好的中砂。

需要说明的是,不论采用粗砂还是细砂,甚至是特细砂,都可以配制出质量合格的混凝土,重要的是根据砂的粗细合理选择砂率、胶凝材料用量和水胶比。

三、粗集料

(一)粗集料的来源

粗集料主要来源于破碎的石灰岩、玄武岩、花岗岩、石英岩、大理岩和片麻岩等岩石,制备混凝土时使用量最大的是石灰岩破碎制成的粗集料。对于强度等级较低的普通混凝土,粗集料的来源对混凝土力学性能的影响较小;对于高强甚至超高强混凝土,则需要考虑粗集料的类型,普通的石灰岩母岩强度较低,有时难以满足制备高强和超高强混凝土的要求,可以考虑采用玄武岩等强度更高的岩石制成的粗集料。

水利工程施工选择粗集料时,还要考虑碱集料反应的问题。设立现场搅拌站时,采用现场开采或者挖掘过程产生的石材来制备粗集料,尤其需要注意粗集料中是否含有活性矿物。在进行碱集料反应试验前,可以采用岩相法鉴定岩石种类及所含的活性矿物种类。

(二)粗集料的颗粒级配和最大粒径

配制混凝土时应选择连续级配碎石。粗集料的颗粒级配对混凝土拌合物性能有重要影响,颗粒级配不好,混凝土拌合物容易出现离析、泌水等质量问题。对于混凝土结构而言,尤其是钢筋布置较为密集的构件,还要根据钢筋间距来选择粗集料最大粒径。此外,配制高强混凝土和自密实混凝土时,也对粗集料最大粒径有明确的限制,要求粗集料最大粒径不大于 25mm。

四、水

混凝土拌合水可以采用自来水、地表水、地下水、再生水等。正常的自来水肯定能够满足混凝土拌合用水的水质要求,但是从地下、江河湖泊或者山体采集水作为拌合水时,需要按照《混凝土用水标准》(JGJ63—2006)进行检测。从自然环境中获取的拌合水,其水质可能随着季节、降雨和采集深度等因素变化,因此重大工程应加强拌合水的水质检测。搅拌站采用回收的设备清洗水作为拌合水时,还需要考虑清洗水中残留的外加剂对新拌混凝土拌合物坍落度和凝结时间的影响。

五、矿物掺合料

(一)分类

矿物掺合料是指以氧化硅、氧化铝为主要成分,在混凝土中可以代替部分水泥,改善混凝土性能,且掺量不小于 5% 的天然或人工的粉状矿物质,简称掺合料。掺合料分为活性掺合料和非活性掺合料。活性掺合料本身不硬化或者硬化速度慢,但能与水泥水化生成的氢氧化钙反应,生成具有胶结能力的水化产物,例如粉煤灰、矿渣和硅灰;非活性矿物掺合料基本不与水泥水化产物反应,如磨细的石英砂和石灰石粉。

(二)掺合料的作用效应

掺合料在混凝土中可以发挥火山灰效应(活性效应)、微集料效应(填充效应)或者形态效应(润滑效应或减水效应)。通常认为粉煤灰在混凝土中可以发挥上述三大效应,而有些掺合料则只具有其中一种或者两种效应,如硅灰。混凝土中掺入硅灰之后,由于硅灰颗粒极细,且含有大量具有活性的 SiO_2,因此,硅灰在混凝土中可以发挥良好的火山灰效应和填充效应,却不具有减水效应(如果不掺加高性能减水剂,掺加硅灰后混凝土拌合物的流动性将显著降低)。

(三)粉煤灰

粉煤灰,按照英文翻译又称为飞灰(fly ash),是从燃烧煤粉的锅炉烟气中收集到的细粉末,一部分为表面光滑的微粒,由直径几微米至几十微米的实心和中空玻璃微珠组成;另一部分为玻璃体碎屑以及少量的莫来石和石英等晶体矿物。按照氧化钙含量的不同,粉煤灰可以分为高钙灰(C 类,CaO>10%)和低钙灰(F 类,CaO<10%)。

粉煤灰的活性主要取决于玻璃体以及无定形的氧化铝和氧化硅的含量,尤其是玻璃体的含量。经过高温后的粉煤灰通常含有 60%~90%的玻璃体,而玻璃体的化学成分和活性又取决于钙含量。低钙粉煤灰中含有铝硅玻璃体,但是其活性低于高钙粉煤灰中的玻璃体,因此,高钙粉煤灰的火山灰活性高于低钙粉煤灰。高钙粉煤灰不仅具有火山灰活性,还有一定的自硬性(遇水后自发反应硬化),如果直接掺入混凝土中不仅会加速水泥凝结硬化,还可能引起水泥安定性不良,因此,尽管高钙粉煤灰活性比低钙粉煤灰高,但是通常不能使用高钙粉煤灰作为掺合料配制混凝土。

此外,为了保护大气环境,燃煤电厂采用了烟气脱硫脱硝工艺,但是这种工艺会产生含有硫酸氢铵的脱硝粉煤灰或者混入脱硫石膏的粉煤灰,硫酸钙和硫酸氢铵是对混凝土物理力学性能有害的组分,铵盐在混凝土的碱性条件下还会释放出具有刺激性气味的氨气。因此,使用粉煤灰时需要关注上述有害组分的含量不能超过《用于水泥和混凝土中的粉煤灰》(GB/T 1596—2017)规定的限值。

关于粉煤灰在混凝土中的作用,常见表述是粉煤灰可以提高混凝土的抗碳化性能、抗渗性能和抗裂性。但是在实际工程中也出现了掺加粉煤灰后混凝土干燥收缩值增大,抗碳化性能和抗渗性降低的现象。这主要是粉煤灰质量波动、品质降低或者工程技术人员对粉煤灰混凝土应用技术缺乏充分认识以及施工措施不正确导致的。粉煤灰是大宗工业固体废弃物,粉煤灰的品质波动会严重影响混凝土物理力学性能。因此,混凝土中掺加粉煤灰等掺合料时更应加强试验验证和混凝土施工过程管理。

(四)粒化高炉磨细矿渣

粒化高炉磨细矿渣简称矿渣,是高炉炼铁得到的以硅铝酸钙为主的熔融物经淬冷成粒的副产物。炼铁炉中浮于铁水表面的熔渣在排出时喷水急冷而粒化，可以得到水淬矿渣，可用于生产矿渣水泥和磨细矿渣。矿渣活性较好，通常高于普通粉煤灰。矿渣的活性与其化学成分和水淬形成的玻璃体含量相关。除玻璃体以外，矿渣还含有少量硅酸二钙、钙铝黄长石和莫来石晶体矿物，具有一定的自硬性。

（五）硅灰

硅灰是铁合金厂在冶炼硅铁合金或工业硅时，通过烟道收集的以无定形二氧化硅为主要成分的粉体材料，也称为微硅粉。硅灰的 SiO_2 含量与生产的硅铁合金的类型相关，用于混凝土的硅灰，其 SiO_2 含量应不小于 85％，且 SiO_2 绝大部分应为非晶态。

硅灰的平均粒径为 $0.1 \sim 0.2 \mu m$，比表面积为 $15000 \sim 25000 m^2/kg$，而水泥颗粒的粒径主要集中在 $3 \sim 30 \mu m$，比表面积为 $300 \sim 400 m^2/kg$。水泥颗粒的粒径尺度比硅灰大两个数量级。硅灰具有良好的活性和微集料效应，已经成为配制高强混凝土和超高强混凝土的首选掺合料，通常掺量为胶凝材料的 5％～10％。但是硅灰比表面积大，混凝土中掺加硅灰时，必须掺加高性能减水剂，才能保证混凝土拌合物的和易性。硅灰的反应活性高，在混凝土硬化早期水化，可能会产生混凝土早期收缩增大和早期水化放热增大的问题，对于要求控制早期水化热的混凝土，选择掺合料时需要考虑上述问题。

（六）石灰石粉

石灰石粉通常指以生产石灰石碎石、机制砂时产生的细砂和石屑为原材料，通过粉磨制成的粒径不大于 $10 \mu m$ 的粉体。石灰石粉在混凝土中具有良好的减水效应和分散效应，作为掺合料，已经被广泛用于混凝土生产。《用于水泥、砂浆和混凝土中的石灰石粉》（GB/T 35164—2017）已经于 2018 年 11 月 1 日正式实施，这也为石灰石粉在混凝土中的应用提供了技术保障。

需要说明的是，在低温（如 5～15℃）硫酸盐侵蚀环境中，由于硫酸盐可能与碳酸盐和水化硅酸钙反应生成无胶结作用的碳硫硅钙石，随着水化硅酸钙的不断消耗,水泥硬化体逐渐变成泥质,硬化的混凝土甚至可以变得像泥一样软。因此,在低温且富含硫酸盐环境中配制混凝土时慎用石灰石粉。国内己有一些隧道的混凝土衬砌或地下混凝土结构的混凝土发生了碳硫硅钙石型硫酸盐侵蚀,尽管这种严重的腐蚀与混凝土结构服役环境的自然条件密切相关,但是也与混凝土中掺加大量石灰石粉且水灰比较大等因素有关。

六、外加剂

外加剂是指在混凝土搅拌前或拌制过程中加入的,用以改善新拌混凝土和(或)硬化混凝土性能的材料。除膨胀剂外,外加剂掺量一般不超过胶凝材料总质量的 5%。外加剂能有效改善混凝土某项或多项性能,如改善拌合物和易性、力学性能、耐久性或调节凝结时间及节约水泥。

混凝土外加剂的发明和应用对推动混凝土科学与技术的进步发挥了重要作用,混凝土外加剂的问世可谓水泥基建筑材料一次大的革命。外加剂在混凝土中的应用解决了很多工程技术难题,如果没有外加剂,混凝土在土木工程中的应用将会受到极大的制约。因此,从事混凝土生产和应用的工程技术人员需要了解常用外加剂的作用和原理,这样才能成功地使用外加剂和解决混凝土工程技术难题。

外加剂类型众多,开始接触和学习外加剂相关知识时,可以首先了解常用外加剂(如减水剂)的主要种类和作用原理,并结合水泥水化机理和水泥基本性能学习,从而更好地掌握外加剂的基本知识和作用原理。

(一)外加剂的分类

外加剂类型众多,按照化学成分和性质可以分为无机盐类外加剂和有机物类外加剂。按照外加剂的作用和功能可以分为以下四大类。

(1)改善混凝土拌合物流变性能的外加剂,如各种减水剂和泵送剂。

(2)调节混凝土凝结时间和硬化性能的外加剂,如缓凝剂、早强剂和速凝剂。

(3)改善混凝土耐久性的外加剂,如引气剂、防水剂和阻锈剂。

（4）改善混凝土其他性能的外加剂，如膨胀剂、防冻剂和着色剂。

（二）减水剂

减水剂，顾名思义，是指在混凝土拌合物坍落度基本相同的条件下，能减少甚至是大幅减少拌合水用量的外加剂。

根据《混凝土外加剂术语》（GB/T 8075—2017），常见的减水剂主要包括以下几类。

（1）普通减水剂，减水率≥8％，如木质素磺酸盐类、羧基羧酸盐类、多元醇类。

（2）高效减水剂，减水率≥14％，如氨基磺酸盐系、萘磺酸甲醛缩合物、马来酸共聚物系。

（3）高性能减水剂，减水率≥25％，如聚羧酸系、氨基羧酸系。

减水剂属于表面活性剂，日常生活中常用的洗涤剂、清洁剂等也属于表面活性剂，因此，减水剂和洗涤剂的作用原理有类似之处。根据经典理论，减水剂包含亲水基团和憎水基团，其在混凝土中的作用主要包括减水作用（吸附和分散作用）和塑化作用（润湿和润滑作用）。

①减水作用。加入减水剂后，减水剂的憎水基团定向吸附于水泥质点表面，亲水基团指向水溶液，组成单分子或多分子吸附膜。由于表面活性剂分子定向吸附，水泥质点表面带有相同符号的电荷，因此在电性斥力作用下，水泥—水体系处于相对稳定的悬浮状态，水泥在加水初期形成的絮凝状结构中也开始分散，絮凝状凝聚体内的游离水被释放出来，从而达到减水目的。

②塑化作用。除吸附分散引起的效果外，塑化作用还有润湿和润滑的效果。水泥加水后，水泥颗粒表面被水润湿，水泥颗粒表面自由能和水泥—水界面张力降低，使水泥颗粒有效分散，产生润湿作用。此外，减水剂中的极性亲水基团定向吸附于水泥颗粒表面，很容易和水分子以氢键形式缔合，再加上水分子间的氢键缔合，水泥颗粒表面形成稳定的溶剂水化膜。水化膜阻止水泥颗粒的直接接触，并在水泥颗粒间产生润滑作用。

普通减水剂和高效减水剂在混凝土中的作用可以概括为减水作用和

塑化作用,高性能减水剂在混凝土中发挥上述作用的机理与普通减水剂和高效减水剂存在差异,借助于静电位阻和空间位阻的共同作用,高性能减水剂产生了更为优异的减水分散作用。

(三)缓凝剂

通用硅酸盐水泥凝结硬化速度较慢,以普通硅酸盐水泥为例,其初凝时间通常为 150～200min,而终凝时间通常为 180～240min。采用普通硅酸盐水泥为胶凝材料的普通混凝土,其初凝时间通常为 9～12h,而终凝时间通常为 12～14h。普通混凝土的初凝时间长达 9～12h,已经可以满足正常施工操作的要求,为什么还要在混凝土中掺加缓凝剂呢?

预拌混凝土从生产、运输到泵送施工,经历的时间通常为 2～3h,为了保证混凝土坍落度满足泵送施工要求,可以掺加适量缓凝剂来控制新拌混凝土的坍落度损失。此外,对于大体积混凝土等特殊混凝土工程,混凝土初凝时间需延长至 1～2d,掺入适量缓凝剂可以降低水泥的水化放热速率,降低水泥水化放热峰值并延迟其到达时间,从而控制混凝土水化温升,防止混凝土开裂。

常用的缓凝剂包括羧基羧酸盐类、糖类及其化合物、多元醇及其衍生物和纤维素类。缓凝剂的掺量需要根据使用环境温度和凝结时间要求来确定,如果缓凝剂掺量过大,会出现超时缓凝问题。

(四)早强剂

早强剂是指能够加速混凝土早期强度发展的外加剂。早强剂可以分为无机盐类、有机物类和复合型三大类。

(1)无机盐类包括:氯化物、硫酸盐、硝酸盐、亚硝酸盐和碳酸盐等。

(2)有机物类包括:三乙醇胺、三异丙醇胺、甲酸和乙二醇等。

(3)复合型包括:无机盐和有机物复合早强剂,如三乙醇胺—硫酸钠和三乙醇胺氯化物。

早强剂的主要作用是在低温下加快水泥的水化速度,使混凝土早期(7d 以内)强度达到或超过常温时的水平。早强剂还可以和减水剂等外加剂复合制备早强减水剂。使用早强剂时需要注意的是,早强剂可能对混凝土后期强度发展产生不利影响;硫酸盐类早强剂中硫酸钠含量较高时会导致混凝土碱含量较高,可能引发碱—集料反应;氯化物类早强剂在混凝土中引入氯离子,可能加速钢筋锈蚀。

(五)泵送剂

混凝土泵送施工是目前使用最普遍的混凝土现场输送和浇筑方式,为了满足泵送施工对混凝土坍落度的要求,防止混凝土坍落度经时损失过大,需要掺加减水剂、缓凝剂和引气剂等外加剂。出于简化混凝土生产线的考虑,通常将减水剂、缓凝剂、引气剂和保水剂等多种外加剂复配成泵送剂。泵送剂组成较为复杂,其性能取决于各组分的比例,需要根据混凝土工程的技术特点和季节(环境温度)调整泵送剂组成,以满足混凝土的工程应用要求。

(六)膨胀剂

混凝土凝结硬化过程中会产生塑性收缩、干燥收缩和碳化收缩等收缩变形。普通混凝土的干燥收缩通常可以达到 $0.3\sim0.6$ mm/m,混凝土结构的长度达几十米、几百米甚至几千米,且混凝土构件变形受到约束,当混凝土收缩变形较大或结构物长度较大时,混凝土可能出现肉眼可见的细微裂缝,甚至是严重开裂,从而影响结构安全和混凝土的耐久性。为了防止混凝土开裂,或者由于超长结构不设缝的设计要求,需要掺加适量膨胀剂以抵消混凝土的部分收缩变形,使混凝土的收缩率显著降低。

常用的混凝土膨胀剂包括:硫铝酸盐系、石灰系、氧化镁系等。混凝土中膨胀剂的掺量通常为胶凝材料掺量的 $6\%\sim12\%$,膨胀剂通常是内掺,即等质量取代胶凝材料,而减水剂和缓凝剂等外加剂是外掺,即不取代胶凝材料。由于膨胀剂水化需水量较大,掺加膨胀剂之后,水灰比较高的混凝土的膨胀率会大于水灰比较低的混凝土。由于膨胀剂与水泥"争水",需要加强混凝土保湿养护,尤其是混凝土 14d 龄期内,避免膨胀剂后期反应产生不合时宜的膨胀变形,出现掺加膨胀剂后混凝土反而开裂的现象。此外,膨胀剂的作用效果还与环境温度有关,对于低温环境下应用的混凝土,还需要保温养护。

掺加膨胀剂之后,还可能会导致混凝土坍落度降低和坍落度损失增大,还需要考虑水胶比和减水剂等外加剂用量的调整。此外,膨胀剂中碱含量较高,对于可能发生碱集料反应的混凝土,应采用低碱膨胀剂,避免混凝土的碱含量超过标准限值。

需要注意的是,掺加膨胀剂是为了抵消混凝土早期的收缩变形,在无约束状态下,混凝土长期变形依然表现为收缩。此外,实际结构也不希望混凝土出现较大的膨胀变形,膨胀变形也会引起开裂问题。因此,需要严格控制混凝土中膨胀剂的掺量,无可靠的试验或成熟的工程经验时,膨胀剂的应用需要非常慎重。当混凝土中采用新型的膨胀剂时,应尽可能进行系统的验证试验。

(七)防冻剂

根据《建筑工程冬期施工规程》(JGJ/T 104—2011)的规定,根据当地多年气象资料统计,当室外日平均气温连续 5d 稳定低于 5℃ 即进入冬期施工;当室外日平均气温连续 5d 稳定高于 5℃ 即解除冬期施工。

普通混凝土凝结硬化速度慢,环境温度每降低 1℃,水泥水化速度会降低 5%～7%。低温环境下,混凝土凝结硬化速度会显著降低。当气温降低到负温时,无养护条件下,或者未掺加防冻剂或早强剂的混凝土,其早期强度会显著降低甚至冻结。冬期施工时,尚未凝结硬化或者已经硬化但未达到抗冻临界强度的混凝土一旦冻结,即使气温恢复到常温,混凝土也会继续硬化,但与混凝土的设计强度等级和性能指标相比,其力学性能和耐久性等性能也显著降低,从而影响结构安全。

为了避免混凝土拌合物中的自由水在混凝土的强度达到抗冻临界强度之前冻结,可以在拌和混凝土时加入防冻剂,以降低拌合物中水溶液的冰点。通常认为,混凝土内部温度低于 -5℃ 时,混凝土中的自由水和毛细孔水开始结冰。混凝土中的自由水的冰点与离子浓度有关,而毛细孔水的冰点除与离子浓度和类型有关外,还与孔径密切相关,孔径降低,毛细孔水的冰点也随之降低(毛细孔水的冰点甚至可以低至 -17℃)。

混凝土中常用的防冻剂包括早强型防冻剂、防冻型防冻剂。早强型防冻剂可以使混凝土早期强度快速达到抗冻临界强度,而防冻型防冻剂除防止混凝土中液相结冰外,还可以使混凝土内部在负温下保持充足的液相,使胶凝材料的水化持续进行。气温 0℃ 以上,5℃ 以下时,混凝土掺加早强剂即可满足早期强度发展要求,基本不需要加防冻剂;气温 0℃ 以下,−10℃ 以上时,混凝土需要掺加早强型防冻剂;气温 −10℃ 以下时,混凝土需要掺加防冻型防冻剂。防冻剂通常由早强剂、减水剂、引气剂和防冻组分复配而成。

(八)引气剂

引气剂是一种可以在混凝土拌和过程中引入大量均匀分布的微小气泡的外加剂,也是使用最早的混凝土外加剂,引气剂是混凝土工程技术发展历程中非常重要的发现。引气剂属于表面活性剂,可以分为阴离子、阳离子、非离子与两性离子等类型,使用较多的是阳离子表面活性剂。常用的引气剂包括松香类引气剂(松香皂类引气剂和松香热聚物引气剂)、氨基磺酸盐类引气剂以及皂角苷类引气剂等。

引气剂可以降低拌合水溶液表面张力,当包围气体的液态膜含有引气剂时,引气剂吸附在气—液界面,使液态膜的表面张力降低,并使气—液界面保持良好的稳定性,从而使混凝土中的气泡保持稳定。混凝土拌合物在搅拌过程中也会引入一定量的空气,不加引气剂时,混凝土含气量通常为 1%～2%(体积),掺加引气剂后,混凝土含气量可以增大到 3%～7%,甚至更高。提高混凝土含气量有利于改善混凝土抗冻性能,但是混凝土含气量过高对抗冻性和力学性能都会产生不利影响,因此,应根据混凝土使用范围,将混凝土含气量控制在最佳范围内。

通常认为混凝土含气量增大 1%,抗压强度下降 4%～6%,抗折强度降低 2%～3%。引气剂对混凝土力学性能的不利影响可以通过掺加减水剂来弥补。此外,通过改善引气剂的引气性能,使混凝土中形成分布均匀的独立气泡,且气泡的直径为 $20～200\mu m$,可以避免混凝土掺加引气剂后力学性能显著降低。

第三节　混凝土工程的施工

一、混凝土的制备

(一)混凝土施工配制强度与配合比确定

混凝土的施工配合比,应保证结构设计对混凝土强度等级及施工对混凝土和易性的要求,并应符合合理使用材料、节约水泥的原则。必要时,还应符合抗冻性、抗渗性等要求。混凝土的实际施工强度主要受混凝土现场施工配制强度和配合比的影响。

(二)混凝土的搅拌

混凝土制备是指将各种组成材料拌制成质地均匀、颜色一致、具备一定流动性的混凝土拌合物。由于混凝土配合比是按照细骨料恰好填满粗骨料的间隙,而水泥浆又均匀地分布在粗骨料表面的原理设计的,如果混凝土搅拌得不均匀就不能获得密实的混凝土,影响混凝土的质量,所以混凝土制备是混凝土施工工艺过程中非常重要的一道工序。

1. 混凝土搅拌机的原理和搅拌机的选择

混凝土制备的方法,除工程量很小且分散的场合用人工拌制外,其他皆应采用机械搅拌。混凝土搅拌机按其原理分为自落式搅拌机和强制式搅拌机两类。

(1)自落式搅拌机的搅拌筒内壁焊有弧形叶片,当搅拌筒绕水平轴旋转时,弧形叶片不断将物料提高到一定高度,然后让其自由落下并互相混合。因此,自落式搅拌机主要是以重力原理设计的。

(2)强制式搅拌机主要是根据剪切原理设计的。在这种搅拌机中有转动的叶片,这些不同角度和位置的叶片转动时通过物料,克服物料的惯性、摩擦力和黏滞力,强制物料产生环向、径向、竖向运动。这种由叶片强制物料产生剪切位移而达到均匀混合的原理,称为剪切搅拌原理。

选择搅拌机时,要根据工程量大小、混凝土的坍落度、骨料尺寸等而定。既要满足技术上的要求,又要考虑经济效益。

2.搅拌制度的确定

为了获得质量优良的混凝土拌合物,除正确选择搅拌机外,还必须正确确定搅拌制度,即搅拌时间、投料顺序和进料容量等。

(1)混凝土搅拌时间

搅拌时间是指从原料全部投入搅拌筒时起,到开始卸料时为止所经历的时间。它与搅拌质量密切相关,并随搅拌机类型和混凝土的和易性的不同而变化。在一定范围内,随着搅拌时间的延长,混凝土的强度有所提高,但过长时间的搅拌既不经济也不合理。因为搅拌时间过长,不坚硬的粗骨料在大容量搅拌机中会因脱角、破碎等而影响混凝土的质量。加气混凝土也会因搅拌时间过长而使含气量下降。

(2)投料顺序

投料顺序应从提高搅拌质量,减少叶片和衬板的损耗、减少拌合物与搅拌筒的粘结、减少水泥飞扬、改善工作环境等综合考虑确定。常用的有一次投料法和两次投料法。

一次投料法是在上料斗中先装石子、再加水泥和砂,然后一次投入搅拌机。对自落式搅拌机要在搅拌筒内先加部分水,投料时石子盖住水泥,使水泥不致飞扬,且水泥和砂先进入搅拌筒形成水泥砂浆,可缩短包裹石子的时间。对强制式搅拌机,因出料口在下部,不能先加水,应在投入原料的同时,缓慢、均匀、分散地加水。

两次投料法经过我国的研究和实践形成了"裹砂石法混凝土搅拌工艺",用这种工艺搅拌时,先将全部的石子、砂和70%的拌和水倒入搅拌机搅拌15s,使骨料湿润,再倒入全部水泥进行造壳搅拌30s左右,然后加入30%的拌和水再进行糊化搅拌60s左右即完成。与普通搅拌工艺相比,用裹砂石法搅拌工艺可使混凝土强度提高10%～20%,或节约水泥5%～10%。此外,我国还对净浆法、净浆裹石法、裹砂法、先拌砂浆法等各种两次投料法进行了试验和研究。

(3)进料容量

进料容量又称干料容量。进料容量与搅拌机搅拌筒的几何容量有一定的比例关系。一般情况下,如任意超载,就会使材料在搅拌筒内无充分的空间进行掺和,影响混凝土搅拌物的均匀性。反之,如装料过少,则又不能充分发挥搅拌机的效能。

(三)预拌(商品)混凝土的制备

预拌混凝土是指水泥、骨料、水以及根据需要掺入的外加剂、矿物掺合料等组分按一定比例,在预拌混凝土企业经计量、拌制后出售的,并采用运输车在规定时间内运至使用地点的混凝土拌合物。

工艺先进的工厂应用电子技术自动控制物料的称量和进料,选择合适的配合比,测试砂的含水量并调整材料用量,显示贮仓料位,生产系统联动互锁和故障报警等。混凝土集中搅拌有利于采用先进的工艺技术,实行专业化生产管理,设备利用率高,计量准确,能减少环境污染。

预拌混凝土厂分为固定式、半移动式和移动式三种。

固定式预拌混凝土工厂规模较大,每小时产量一般为 $100\sim120\text{m}^3$。半移动式预拌混凝土工厂,一般采用简易厂房,生产设备可以拆卸,转移后再组装。每小时产量一般为 $60\sim80\text{m}^3$。

移动式预拌混凝土工厂,厂内不设搅拌系统,把砂、石和水泥的贮仓、称量和传送系统均组装在一个钢结构装置内。将配合好的干料装入混凝土搅拌输送车,注入拌和用水,边走边拌,运到施工现场。

二、混凝土的运输

(一)基本要求

对混凝土拌合物运输的基本要求是:不产生离析现象、保证浇筑时规定的坍落度和在混凝土初凝之前能有充分时间进行浇筑和捣实。

为了避免混凝土在运输过程中发生离析,混凝土运输道路要平坦,运输工具要选择恰当,运输距离要有限制。如已产生离析,在浇筑前要进行二次搅拌。

(二)运输分类及工具

1.混凝土运输分类

混凝土运输分为地面水平运输、垂直运输和高空水平运输三种情况。

（1）混凝土地面水平运输

如采用预拌（商品）混凝土且运输距离较远时，多用混凝土搅拌运输车来运输。混凝土如来自工地搅拌站，则多用小型翻斗车运输，有时还用皮带运输机和窄轨翻斗车运输，近距离亦可用双轮手推车运输。

（2）混凝土垂直运输

多采用混凝土泵、塔式起重机、快速提升斗和井架运输。用塔式起重机运输时，混凝土多放在吊斗中，这样可直接进行浇筑。

（3）混凝土高空水平运输

如采用塔式起重机垂直运输，一般可将料斗中混凝土直接卸在浇筑点；如用混凝土泵运输，则用布料机布料；如用井架等运输，则以双轮手推车为主。

2.混凝土主要运输工具

（1）混凝土搅拌运输车

混凝土搅拌运输车为长距离运输混凝土的有效工具。将一双锥式搅拌筒斜放在汽车底盘上，在混凝土搅拌站装入混凝土后，由于搅拌筒内有两条螺旋状叶片，在运输过程中，搅拌筒可通过慢速转动进行拌和，以防止混凝土离析，至浇筑地点，搅拌筒反转即可迅速卸出混凝土。搅拌筒的容量一般为 $2\sim10m^3$。

（2）混凝土泵与泵车

混凝土泵是一种高效的混凝土运输和浇筑工具，它以泵为动力，沿管道输送混凝土，可以一次完成水平运输及垂直运输，将混凝土直接输送到浇筑地点。在我国水利工程建设中已普遍使用，并取得了较好的效果。

目前我国主要采用活塞泵。活塞泵多采用液压驱动，主要由进料斗、液压缸、活塞、混凝土缸、分配阀、Y形输送管、冲洗系统、液压系统和动力系统等组成。

将混凝土泵装在汽车上，汽车便成为混凝土泵车，同时车上还装有可以伸缩或曲折的布料杆，其末端是一软管，可将混凝土直接送至浇筑地点，使用十分方便。

泵送混凝土工艺对混凝土的配合比有一定的要求。

①当泵送高度为 50m 以下时,碎石最大粒径与输送管内径之比一般不宜大于 1:3,卵石可为 1:2.5;泵送高度在 50～100m 时,碎石最大粒径与输送管内径之比宜为 1:3～1:4;泵送高度在 100m 以上时,碎石最大粒径与输送管内径之比宜为 1:4～1:5,以免堵塞。

②如用轻骨料,则以吸水率小者为宜,并宜用水预湿,以免在压力作用下强烈吸水,使坍落度降低而在管道中形成阻塞。

③砂宜用中砂,通过 0.315mm 筛孔的砂应不少于 15%。

④砂率宜控制在 38%～45%,如粗骨料为轻骨料时,还可适当提高。

⑤水泥用量不宜过少,否则泵送阻力会增大,最小水泥用量为 300kg/m³。

混凝土泵宜与混凝土搅拌站运输车配套使用,且应使混凝土搅拌站的供应能力和混凝土搅拌站运输车的运输能力大于混凝土泵的泵送能力,以保证混凝土泵能连续工作,保证泵送管道不堵塞。进行输送管线布置时,应尽可能直,转弯要缓,管段接头要严,少用锥形管,以减少压力损失。如输送管向下倾斜,要防止因自重流动使管内混凝土中断、混入空气而引起混凝土离析,产生阻塞。为减小泵送阻力,用前先泵送适量的水和水泥浆或水泥砂浆以润滑输送管内壁,然后进行正常的泵送。在泵送过程中,泵的受料斗内应充满混凝土,防止吸入空气形成阻塞。混凝土泵排量大,在浇筑大面积混凝土时,最好用布料机进行布料,泵送结束要及时清洗泵体和管道。

(3)混凝土布料机

除了混凝土泵车以外,楼面混凝土布料机也是高层建筑混凝土浇筑的常用设备之一。楼面混凝土布料机是将布料机固定在楼板预留孔上进行作业,使用方便,安全可靠,经济实用。

三、混凝土的浇筑和养护

浇筑混凝土时要保证混凝土的均匀性和密实性;要保证结构的整体性、尺寸的准确性;要保证钢筋、预埋件的位置正确;拆模后混凝土表面要平整、光洁。浇筑前,应检查模板、支架、钢筋和预埋件的正确性,并进行验收。由于混凝土工程属于隐蔽工程,因而对混凝土施工,均应随时填写施工记录。

(一)浇筑混凝土时应注意的问题

1.防止离析

浇筑混凝土时,混凝土拌合物由料斗、漏斗、混凝土输送管、运输车内卸出时,如自由倾落高度过大,由于粗骨料在重力作用下,克服黏着力后的下落动能大,下落速度较砂浆快,因而可能形成混凝土离析。为此,混凝土自高处倾落的自由高度不应超过3m,在竖向结构中当有可靠措施保证不离析时自由倾落高度不宜超过6m,否则应沿串筒、斜槽或振动溜管等下料。

2.正确留置施工缝

混凝土结构多要求整体浇筑,如因技术或组织上的原因不能连续浇筑时且停顿时间有可能超过混凝土的初凝时间,则应事先确定在适当的位置设置施工缝。由于混凝土的抗拉强度约为其抗压强度的1/10,因而施工缝是结构中的薄弱环节,宜留在结构剪力较小而且施工方便的部位。

在施工缝处继续浇筑混凝土时,应先除掉水泥薄层和松动石子,表面加以湿润并冲洗干净,再铺水泥浆或与混凝土内砂浆成分相同的砂浆一层,并应待已浇筑的混凝土强度不低于 $1.2N/mm^2$ 后才允许继续浇筑。

(二)混凝土浇筑方法

1.现浇结构的浇筑

(1)划分施工层和施工段的原则

建筑结构一般各层梁、板、柱、墙等构件的截面尺寸、形状基本相同,故可以按结构层次划分施工层,按层施工。如果平面尺寸较大,还应分段进行,以便模板、钢筋、混凝土等工程能相互配合,流水施工。

(2)准备工作

①对模板及支架进行检查,确保标高、位置尺寸正确,强度、刚度、稳定性及密实性满足要求,模板中的垃圾、泥土和钢筋上的油污应加以清除,木模板应浇水润湿,但不允许留有积水。

②对钢筋及预埋件应请工程监理人员共同检查,并做好隐蔽工程

记录。

③准备和检查材料、机具等;注意天气预报,不宜在雨雪天气浇筑混凝土。

④做好施工组织工作和技术、安全交底工作。

(3)梁、板、柱、墙的浇筑

浇筑柱子时,同一施工段内的每排柱子应对称浇筑,不要由一端向另外一端推进,预防柱子模板逐渐受推倾斜。柱子在开始浇筑时,底部应先浇筑一层 50~100mm 与混凝土内成分相同的水泥砂浆或水泥浆。浇筑完毕,如柱顶处有较大厚度的砂浆层,则应加以处理。柱子浇筑后,应间隔 1~1.5h,待混凝土拌合物初步沉实,再浇筑上面的梁板结构。

柱基础浇筑时应先边角后中间,按台阶分层浇筑,确保混凝土充满模板各个角落,防止一侧倾倒混凝土而挤压钢筋,造成柱连接钢筋的位移。

剪力墙浇筑除按一般规定进行外,还应注意门窗洞口处应两侧同时下料,浇筑高差不能太大,以免门窗洞口发生位移或变形。并应先浇筑窗台下部,后浇筑窗间墙,以防窗台下部出现蜂窝孔洞。

与墙体同时浇筑的柱子,两侧浇筑高差不能太大,以防柱子中心移动。楼梯宜自下而上一次浇筑完成。对于钢筋较密集处,可改用细石混凝土,并加强振捣以保证混凝土密实。应采取有效措施保证钢筋保护层厚度及钢筋位置和结构尺寸的准确,注意施工中不要由于踩踏而改变负弯矩部分的钢筋的位置。

梁和板一般同时浇筑,从一端开始向前推进。当不能同时浇筑时,结合面应按叠合面要求进行处理。

2.大体积混凝土结构的浇筑

大体积混凝土是指最小断面尺寸大于 1m,施工时必须采取相应技术措施妥善处理水化热引起的混凝土内外温度差值,并应合理控制温度应力的混凝土结构。

大体积混凝土结构浇筑后水泥的水化热量大,由于体积大,水化热聚积在内部不易散发,浇筑初期混凝土内部温度显著升高,而表面散热较快,这样易形成较大的内外温差,导致混凝土内部产生压应力,而表面产生拉应力,如温差过大则易在混凝土表面产生裂纹。浇筑后期混凝土内部逐渐散热冷却产生收缩时,由于受到基底或已浇筑混凝土的约束,接触处将产生很大的剪应力,在混凝土正截面形成拉应力。当拉应力超过混凝土当时龄期的极限抗拉强度时,便会产生裂缝,甚至会贯穿整个混凝土断面,由此带来严重的危害。对于大体积混凝土结构的浇筑,上述两种裂缝(尤其是后一种裂缝)都应设法防止。

为防止大体积混凝土结构浇筑后产生裂缝,需降低混凝土的温度应力,因此,必须减少浇筑后混凝土的内外温差。为此应优先选用水化热低的水泥,降低水泥用量,掺入适量的粉煤灰,降低浇筑速度和减小浇筑层厚度,浇筑后宜进行测温,并采取蓄水法或覆盖法进行表面保温或对内部进行人工降温措施,控制内外温差不超过 25℃。

为保证混凝土的整体性,应保证使每一浇筑层在初凝前被上一层混凝土覆盖并捣实成整体。

大体积混凝土结构的浇筑方案,可分为全面分层、分段分层和斜面分层三种。全面分层法要求的混凝土浇筑强度较大,斜面分层法要求的混凝土浇筑强度较小。工程中可根据结构物的具体尺寸、捣实方法和混凝土供应能力,通过计算选择浇筑方案。目前,建筑物基础底板等大面积的混凝土整体浇筑应用较多的是斜面分层法。

此外,为了控制大体积混凝土裂缝的开展,在特殊情况下,可在施工期间设置相当于临时伸缩缝的后浇带,将结构分成若干段,以有效削减温差引起的收缩应力;待所浇筑的混凝土经一段时间的养护干缩后,再在后浇带中浇筑补偿收缩混凝土,使分块的混凝土连成一个整体。在正常施工条件下,后浇带的间距一般为 20~30m,带宽 1m 左右,混凝土浇筑30~40d 后,用比原结构强度高 5~10MPa 的混凝土填筑,并保持不少于15d 的潮湿养护。

3.水下浇筑混凝土

深基础、沉井与沉箱的封底等,常需要进行水下浇筑混凝土,地下连续墙及钻孔灌注桩则是在泥浆中浇筑混凝土。水下或泥浆中浇筑混凝土,目前多用导管法施工。

导管直径为 250～300mm（不小于最大骨料粒径的 8 倍），每节长 3m，用快速接头连接，顶部装有漏斗。导管用起重设备吊住，可以升降。浇筑前，导管或料斗下口先用隔水塞堵塞，隔水塞用铁丝吊住。然后，在料斗和导管内浇筑一定量的混凝土，保证开管前料斗及管内的混凝土量使混凝土冲出后足以封住并高出管口。

将导管插入水下，使其下口距底面的距离约 300mm 时进行浇筑，距离太近易堵管，太远则要求料斗及管内混凝土量较多。当导管内混凝土的体积及高度满足上述要求后，剪断吊住隔水塞的铁丝进行开管，使混凝土在自重作用下迅速推出隔水塞进入水中。接着，一面均衡地浇筑，一面慢慢提起导管，导管下口必须始终保持在混凝土表面之下 1～1.5m 处。下口埋得越深，则混凝土顶面越平、质量越好，但混凝土浇筑也越难。

在整个浇筑过程中，一般应避免在水平方向移动导管。直到混凝土顶面接近设计标高时，才可将导管提起，换插到另一浇筑点。一旦发生堵管，如半小时内不能疏通，应立即换插备用导管。待混凝土浇筑完毕，应清除顶面与水或泥浆接触的一层松软部分。

(三)混凝土密实成型

混凝土拌合物浇筑之后，需经密实成型才能赋予混凝土结构一定的外形和内部结构。强度、抗冻性、抗渗性、耐久性等皆与密实成型的好坏有关。混凝土密实成型的方法主要有以下几种。

1. 振捣法

(1)振捣密实原理

混凝土振捣密实的原理，是产生振动的机械在将振动能量通过某种方式传递给混凝土拌合物时，受振混凝土拌合物中所有的骨料颗粒都受到强迫振动，使混凝土拌合物保持一定塑性状态的黏着力和内摩擦力大大降低，受振混凝土拌合物呈现出所谓的"重质液体状态"，从而使混凝土拌合物中的骨料犹如悬浮在液体中，在其自重作用下向新的稳定位置沉落，排除存在于混凝土拌合物中的气体，消除孔隙，使骨料和水泥浆在模板中得到致密的排列。

（2）振动机械的选择

混凝土的振动机械按其工作方式不同，分为内部振动器、表面振动器、外部振动器和振动台等。

①内部振动器又称插入式振动器，其工作部分是一棒状空心圆柱体，内部装有偏心振子，在电动机带动下高速转动而产生高频微幅的振动。内部振动器多用于振实梁、柱、墙、厚板和大体积混凝土结构等。

插入式振动器的振捣方法有垂直振捣和斜向振捣两种，可根据具体情况采用，一般以采用垂直振捣为多。使用插入式振动器垂直振捣的操作要点是："直上和直下，快插与慢拔；插点要均布，切勿漏点插；上下要振动，层层要扣搭；时间掌握好，密实质量佳"。操作要点中"快插"是为了防止先将混凝土表面震实，与下面混凝土产生分层离析现象；"慢拔"是为了使混凝土填满振动棒抽出时形成的插孔。振动器插点要均匀排列，可采用"行列式"或"交错式"的次序移动，防止漏振；每次移动两个插点的间距不应大于振动器作用半径的 1.4 倍（振动器的作用半径一般为 300～400mm）；振动棒与模板的距离，不应大于其作用半径的 50％，并应避免碰撞钢筋、模板、芯管、吊环、预埋件或空心胶囊等。为了保证每一层混凝土上下振捣均匀，应将振动棒上下来回抽动 50～100mm；同时还应将振动棒插入下一层未初凝的混凝土中，深度不应小于 50mm。混凝土振捣时间要掌握好，振捣时间过短，不能使混凝土充分捣实；过长，则可能产生离析；一般每点振捣时间为 20～30s，使用高频振动器时亦应大于 10s，以混凝土不下沉、气泡不上升、表面泛浆为准。

②表面振动器又称平板振动器，它由带偏心块的电动机和平板（木板或钢板）等组成。其作用深度较小，多用在混凝土表面进行振捣。

③外部振动器又称附着式振动器，它通过螺栓或夹钳等固定在模板外部，通过模板将振动传给混凝土拌合物，因而要求模板有足够的刚度。它适用于振捣断面小且钢筋密的构件，其有效作用范围可通过实测确定。

④振动台是混凝土制品厂中的固定生产设备，用于振实预制构件。

2.挤压法

混凝土拌合物通过料斗由螺旋绞刀向后挤送,在此挤送过程中,由于受到已成型空心板阻力(即反作用力)作用而被挤压密实,挤压机也在这一反作用力作用下,沿着与挤压相反的方向被推动前进,在挤压机后面即形成一条连续的混凝土多孔板带。挤压成型实现了混凝土成型过程的机械化连续生产,减轻了劳动强度,提高了生产率,节约了模板,并可根据设计要求的不同长度任意切断板材,是预制构件厂生产预应力空心板的主要成型工艺。

3.离心法

离心法成型是指将装有混凝土的钢制模板放在离心机上,当模板旋转时,由于摩擦力和离心力的作用,使混凝土分布于模板的内壁,并将混凝土中的部分水分挤出,使混凝土密实。离心法适用于管柱、管桩、管式屋架、电杆及上下水管等构件的生产。

采用离心法成型时,石子最大粒径不应超过构件壁厚的 $1/4 \sim 1/3$,并不得大于 $15 \sim 20mm$;砂率应为 $40\% \sim 50\%$,水泥用量不应低于 $350kg/m^2$,且不宜使用火山灰水泥,坍落度控制在 $30 \sim 70mm$ 以内。

4.真空作业法

混凝土真空作业法是借助真空负压,将水从刚浇筑成型的混凝土拌合物中吸出,同时使混凝土密实的一种成型方法。真空作业法在道路工程和水利工程中都有应用。按作业的方式不同,真空作业可分为表面真空作业与内部真空作业。

表面真空作业是在混凝土构件的上、下表面或侧面布置真空腔进行吸水。

内部真空作业是利用插入混凝土内部的真空腔进行真空作业,其主要设备有:真空吸水机组、真空腔和吸水软管。真空吸水机组由真空泵、真空室、排水管及滤网等组成。真空腔有刚性吸盘和柔性吸垫两种。

(四)混凝土浇筑后的表面处理

大体积或大面积混凝土浇筑完毕,分两次收水,用木抹子将表面搓毛,防止表面的收缩裂纹。为了减小混凝土表面的毛细张力,防止混凝土龟裂,也可采用在混凝土浇筑二次收浆后,对混凝土表面用扫帚扫毛处理。

用混凝土抹平机对大面积混凝土浇筑后进行抹平,既能密实混凝土表面,也能防止混凝土表面开裂。抹平机分电动和汽油机两类,汽油抹平机的功率大,效率高。

(五)混凝土养护

混凝土养护包括人工养护和自然养护,现场施工多采用自然养护。混凝土浇筑后之所以能逐渐硬化,主要是因为水泥水化作用,而水化作用则需要适当的温度和湿度条件。所谓混凝土的自然养护,即在平均气温高于5℃的条件下在一定时间内使混凝土保持润湿状态。

混凝土浇筑后,如天气炎热、空气干燥、不及时进行养护,混凝土中的水分就会蒸发过快,出现脱水现象,使已形成凝胶的水泥颗粒不能充分水化,不能转化成稳定的结晶,缺乏足够的黏结力,从而在混凝土表面出现片状或粉状剥落,影响混凝土的强度。此外,在混凝土尚未具备足够的强度时,其中水分过早地蒸发还会产生较大的收缩变形,出现干缩裂纹,影响混凝土的整体性和耐久性。所以混凝土浇筑后初期阶段的养护非常重要。混凝土浇筑12h以后就应该开始养护,干硬性混凝土应于浇筑完毕后立即进行养护。

自然养护分为洒水养护和喷涂薄膜养生液养护两种。

洒水养护是指根据外界气温,在混凝土浇筑完毕3～12h内用草帘、芦席、麻袋、锯末、湿土或湿砂等材料将混凝土予以覆盖,并经常浇水保持湿润。混凝土浇水养护时间,对硅酸盐水泥、普通水泥和矿渣水泥拌制的混凝土不得少于7昼夜;掺用缓凝型外加剂或有抗渗要求的混凝土,不得少于14昼夜;当用矾土水泥时,不得少于3昼夜。每日浇水次数以能保持混凝土具有足够的湿润状态为宜,一般气温在15℃以上时,在混凝土浇筑后最初3昼夜中,白天至少每3h浇水1次,夜间也应浇水2次;在以后的养护中,每昼夜应浇水3次左右;在干燥气候条件下,浇水次数应适当增加。

喷涂薄膜养生液养护是将过氯乙烯树脂塑料溶液用喷枪喷涂在混凝土表面上,溶液挥发后在混凝土表面形成一层塑料薄膜,将混凝土与空气隔绝,阻止其中水分的蒸发以保证水化作用的正常进行。有的薄膜在养护完成后能自行老化脱落,否则,不宜喷洒在以后要做粉刷的混凝土表面上。在夏季,薄膜成型后要防晒,否则易产生裂纹。地下建筑或基础,可在其表面涂刷沥青乳液以防止混凝土内水分蒸发。

混凝土必须养护至其强度达到 $1.2N/mm^2$ 以上,才能准许在其上行走或安装模板和支架。

(六)混凝土质量检查

混凝土质量检查包括拌制和浇筑过程中的质量检查和养护后的质量检查。

1.拌制和浇筑过程中质量检查

在拌制和浇筑过程中,对组成材料的质量检查每一工作班至少 2 次;拌制和浇筑地点坍落度的检查每一工作班至少 2 次;每一工作班内,如混凝土配合比因外界影响而有变动时,应及时检查;对混凝土搅拌时间应随时检查。

对预拌(商品)混凝土,应在商定的交货地点进行坍落度检查。

2.养护后的质量检查

(1)混凝土外观检查

混凝土结构件拆模后,应从外观上检查其表面有无麻面、蜂窝、孔洞、露筋、缺棱掉角、缝隙夹层等缺陷,外形尺寸是否超过允许偏差值,如有应及时加以修正。

(2)混凝土强度检查

①试块的留置和取样应满足以下要求。

每拌制 100 盘且不超过 $100m^3$ 的相同配合比的混凝土,取样不得少于 1 次;每工作班拌制同一配合比的混凝土不足 100 盘时,取样不得少于 1 次;每一次连续浇筑超过 $1000m^3$ 时,同一配合比的混凝土每 $200m^3$ 取样不得少于 1 次;每一楼层、同一配合比的混凝土,取样不得少于 1 次;每次取样应至少留置一组标准养护试件,同条件养护试件的留置组数应根据实际需要确定。混凝土的标准养护条件,在温度为(20±3)℃下,湿度在 90% 以上的环境或水中,养护 28d。

②每组 3 个试件应在浇筑地点制作,在同盘混凝土中取样,并按下列规定确定该组试件的混凝土强度代表值。

取 3 个试件强度的算术平均值;当 3 个试件强度中的最大值和最小值之一与中间值之差超过中间值的 15% 时,取中间值;当 3 个试件强度中的最大值和最小值与中间值之差均超过中间值的 15% 时,该组试件不应作为强度评定的依据。

(七)混凝土冬期施工

1. 混凝土冬期施工的原理

混凝土之所以能凝结、硬化并取得强度,是由于水泥和水进行水化作用。水化作用的速度在一定湿度条件下主要取决于温度,温度愈高,强度增长也愈快,反之愈慢。当温度降至 0℃ 以下时,水化作用基本停止,温度再继续降至 −4~−2℃,混凝土内的水开始结冰,水结冰后体积增大 8%~9%,在混凝土内部产生冰晶应力,使强度很低的水泥石结构内部产生微裂纹,同时,减弱了水泥与砂石和钢筋之间的粘结力,从而使混凝土后期强度降低。

受冻的混凝土在解冻后,其强度虽然能继续增长,但已不能达到原设计的强度等级。试验证明,混凝土遭受冻结带来的危害,与遭冻的时间早晚、水胶比等有关,遭冻时间愈早,水胶比愈大,则强度损失愈多;反之则强度损失愈少。

经过试验得知,混凝土经过预先养护达到一定强度后再遭冻结,其后期抗压强度就会降低。一般把混凝土遭冻结后其后期抗压强度损失在 5% 以内的混凝土预养强度值定义为混凝土受冻临界强度。混凝土受冻临界强度与水泥品种、混凝土强度等级有关。对普通硅酸盐水泥和硅酸盐水泥配制的混凝土,受冻临界强度定为设计的混凝土强度标准值的

30％,对矿渣硅酸盐水泥配制的混凝土,受冻临界强度定为设计的混凝土强度标准值的40％,但对于强度等级不大于C15的混凝土,受冻临界强度不得低于5N/mm²。

混凝土冬期施工除上述早期冻害以外,还需要注意拆模不当带来的冻害。混凝土构件拆模后表面急剧降温,由于内外温差较大会产生较大的温度应力,亦会使表面产生裂纹,在冬期施工中亦应力求避免这种冻害。

凡根据当地多年气温资料室外日平均气温连续5d稳定低于5℃时,就应采取冬期施工的技术措施进行混凝土施工。因为从混凝土强度增长的情况看,新拌混凝土在5℃的环境下养护,其强度增长很慢。而且日平均气温低于5℃时,一般最低气温已低于0℃,混凝土亦有可能受冻。

2. 混凝土冬期施工方法的选择

混凝土冬期施工的方法分为三类:混凝土养护期间不加热的施工方法、混凝土养护期间加热的施工方法和综合方法。混凝土养护期间不加热的施工方法包括蓄热法、掺化学外加剂法;混凝土养护期间加热的施工方法包括电极加热法、电器加热法、感应加热法、蒸汽加热法和暖棚法;综合方法即把上述两类方法综合应用,如目前最常用的综合蓄热法,以及在蓄热法的基础上掺加外加剂(早强剂或防冻剂)等综合措施。

选择混凝土冬期施工方法时,要考虑自然气温、结构类型和特点、原材料、工期限制、能源情况和经济指标。对工期不紧和无特殊限制的工程,从节约能源和降低冬期施工费用考虑,应优先选用养护期间不加热的施工方法或综合方法;在工期紧张、施工条件又允许时才考虑选用混凝土养护期间加热的方法,一般要经过技术经济比较确定。一个理想的冬期施工方案,应当是在杜绝混凝土早期受冻的前提下,用最低的冬期施工费用,在最短的施工期限内,获得优良的施工质量。

3. 混凝土冬期施工方法

(1)蓄热法

蓄热法是利用加热原材料(水泥除外)或混凝土(热拌混凝土)所预加

的热量及水泥水化热,再利用适当的保温材料覆盖,防止热量过快散失,延缓混凝土的冷却速度,使混凝土强度在正温条件下增长至混凝土受冻临界强度以上。

室外最低气温不低于－15℃,地面以下的工程或表面系数不大于15m－1 的结构,应优先采用蓄热法。

水的比热容比砂石大,且水的加热设备简单,故应首先考虑加热水。如水加热至极限温度而热量尚嫌不足时,再考虑加热砂石。水的加热极限温度视水泥标号和品种而定,当水泥等级小于 52.5 级时,不得超过80℃;当水泥等级等于或大于 52.5 级时,不得超过 60℃,如加热温度超过此值,则搅拌时应先与砂石拌和,然后加入水泥以防止水泥假凝。骨料加热时,可将蒸汽直接通到骨料中直接加热或在骨料堆、贮料斗中安设蒸汽盘管进行间接加热。工程量小时,也可以将骨料放在铁板上用火烘烤。砂石加热的极限温度也与水泥标号和品种有关,对于水泥等级小于 52.5级时,不得超过 60℃;当水泥等级等于或大于 52.5 级时,不得超过 40℃。当骨料不需要加热时,也必须除去骨料中的冰凌后再进行搅拌。

(2)掺加外加剂法

这是一种只需要在混凝土中掺入外加剂,不需要采取加热措施就能使混凝土在负温条件下继续硬化的方法。在负温条件下,混凝土拌合物中的水要结冰,随着温度的降低,固相逐渐增加,一方面增加了冰晶应力,使水泥石内部结构产生微裂缝;另一方面由于液相减少,使水泥水化反应变得十分缓慢而处于休眠状态。掺外加剂的作用,就是使之产生抗冻、早强、催化、减水等效果。降低混凝土的冰点,使之在负温下加速硬化以达到要求的强度。常用的抗冻、早强的外加剂有氯化钠、氯化钙、硫酸钠、亚硝酸钠、碳酸钾、三乙醇胺、硫代硫酸钠、重铬酸钾、氨水、尿素等。其中,氯化钠具有抗冻、早强作用,且价廉易得,早从 20 世纪 50 年代开始就得到应用,但对其掺量应有限制,否则会引起钢筋锈蚀。氯盐除应限制掺量外,在高湿度环境、预应力混凝土结构等情况下也禁止使用氯盐。外加剂种类的选择取决于施工要求和材料供应,而掺量应由试验确定,但混凝土的凝结速度不得超过其运输和浇筑时间,且混凝土的后期强度损失不得大于5%,其他物理力学性能不得低于普通混凝土。随着新型外加剂的不断出现,其效果越来越好。目前,掺加外加剂的形式已从单一型向复合型发展,外加剂也从无机化合物向有机化合物方向发展。

(3)蒸汽加热法

此方法即利用低压(不高于0.07MPa)饱和蒸汽对新浇筑的混凝土构件进行加热养护,对各类构件都适用,但因需锅炉等设备,消耗能源多,费用高,因而只有在采用蓄热法、外加剂法达不到要求时考虑采用。此方法宜优先选用矿渣硅酸盐水泥,该水泥后期强度损失比普通硅酸盐水泥少。

蒸汽加热法除预制构件常用的蒸汽养护室之外,还有蒸汽套法、毛细管法和构件内部通气法等。用蒸汽加热法养护混凝土,当用普通硅酸盐水泥时温度不宜超过80℃,用矿渣硅酸盐水泥时可提高到85~95℃,升温、降温速度亦有限制,并应设法排除冷凝水。

汽套法即在构建模板外再加密封套板,模板与套板间的空隙不宜超过15cm,在套板内通入蒸汽加热养护混凝土。此方法加热均匀,但设备复杂、费用大,只在特殊条件下用于养护水平结构的梁、板等。

毛细管法即利用所谓"毛细管模板"将蒸汽通在模板内进行养护。此方法用气少、加热均匀,适用于垂直结构。此外,大模板施工时,也可在模板背后加装蒸汽管道,再用薄铁皮封闭并适当加以保温,常用于大模板工程冬季施工。

构件内部通汽法即在构件内部预埋外表面涂有隔离剂的钢管或胶皮管,浇筑混凝土后隔一定时间将管子抽出,形成孔洞,再于一端孔内插入短管即可通入蒸汽来加热混凝土。加热混凝土时混凝土温度一般控制在30~60℃,待混凝土达到要求强度后,用砂浆或细石混凝土灌入通气孔加以封闭。

用蒸汽养护时,根据构件的表面系数,混凝土的升温速度有一定的限制。冷却速度和极限加热温度亦有限制。养护完毕,混凝土的强度至少要达到混凝土冬期施工临界强度。对整体式结构,当加热温度在 40℃ 以上时,有时会使结构物的敏感部位产生裂缝,因而应对整体式结构的温度应力进行验算,对一些结构要采取措施降低温度应力,或设置必要的施工缝。

(4)电热法

电热法是利用电流通过不良导体(混凝土或电阻丝)所产生的热量来养护混凝土。此方法耗电量大,施工费用高,应慎重选用。

电热法养护混凝土又分为电极法和电热器法两类。电极法即在新浇筑混凝土中,按一定间距(200～400mm)插入电极(短钢筋),接通电源,利用混凝土本身的电阻,变电能为热能进行加热。加热时要防止电极与构件内的钢筋接触而引起短路。对于较薄构件,也可将薄钢板固定在模板内侧作为电极。

电热器法是利用电流通过电阻丝产生的热量进行加热养护。根据需要,电热器可制成多种形状,如板状电热器、针状电热器、电热模板(模板背面装电阻丝形成热夹层,其外用铁皮包矿渣棉封严)等进行加热。

电热养护属于高温干养护,温度过高会出现热脱水现象。混凝土加热有极限温度的限制,升温、降温速度亦有所限制。混凝土电阻随强度发展而增大,当混凝土达到 50% 设计强度时电阻增大,养护效果不显著,而且电能消耗增加,为节省电能,用电热法养护混凝土只宜加热养护至设计强度的 50%。对整体式结构也要防止加热养护时产生过大的温度应力。

参考文献

[1]白洪鸣,王彦奇,何贤武.水利工程管理与节水灌溉[M].北京:中国石化出版社,2022.

[2]陈邦尚,白锋.水利工程造价[M].北京:中国水利水电出版社,2020.

[3]陈功磊,张蕾,王善慈.水利工程运行安全管理[M].长春:吉林科学技术出版社,2022.

[4]程红强,韩菊红.水利工程 BIM 及建模基础[M].郑州:黄河水利出版社,2022.

[5]褚峰,刘罡,傅正.水文与水利工程运行管理研究[M].长春:吉林科学技术出版社,2021.

[6]崔丽君.水利工程生态环境效应研究[M].长春:吉林科学技术出版社,2022.

[7]丁亮,谢琳琳,卢超.水利工程建设与施工技术[M].长春:吉林科学技术出版社,2022.

[8]高艳.水利工程信息化建设与设备自动化研究[M].郑州:黄河水利出版社,2022.

[9]高玉琴,方国华.水利工程管理现代化评价研究[M].北京:中国水利水电出版社,2020.

[10]耿娟,严斌,张志强.水利工程施工技术与管理[M].长春:吉林科学技术出版社,2022.

[11]胡朝仲,肖永丽.水利工程造价[M].沈阳:东北大学出版社,2022.

[12]李龙,高洪荣,李国伟.水利工程建设与水利工程管理[M].长春:吉林科学技术出版社,2022.

[13]李战会.水利工程经济与规划研究[M].长春:吉林科学技术出版社,2022.

[14]李宗权,苗勇,陈忠.水利工程施工与项目管理[M].长春:吉林科学技术出版社,2022.

[15]刘娟.水利工程制图与识图[M].北京:中国水利水电出版社,2018.

[16]刘圣桥.水利工程项目档案规范管理实务[M].济南:山东科学技术出版社,2022.

[17]刘学应,王建华.水利工程施工安全生产管理[M].北京:中国水利水电出版社,2018.

[18]陆鹏.水利工程测量技术[M].北京:中国水利水电出版社,2017.

[19]吕大权,吕萍.小型水利工程[M].北京:化学工业出版社,2017.

[20]马志登.水利工程隧洞开挖施工技术[M].北京:中国水利水电出版社,2020.

[21]潘晓坤,宋辉,于鹏坤.水利工程管理与水资源建设[M].长春:吉林人民出版社,2022.

[22]屈凤臣,王安,赵树.水利工程设计与施工[M].长春:吉林科学技术出版社,2022.

[23]宋宏鹏,陈庆峰,崔新栋.水利工程项目施工技术[M].长春:吉林科学技术出版社,2022.

[24]孙霞,徐超,徐红军.水利工程经济[M].长春:吉林科学技术出版社,2022.

[25]田茂志,周红霞,于树霞.水利工程施工技术与管理研究[M].长春:吉林科学技术出版社,2022.

[26]王建海,孟延奎,姬广旭.水利工程施工现场管理与BIM应用[M].郑州:黄河水利出版社,2022.

[27]王建设,吴艳民,鲁军.水利工程建设管理研究[M].长春:吉林科学技术出版社,2022.

[28]向德林,李鹏,张帅.水利工程建设与管理研究[M].沈阳:辽宁科学技术出版社,2022.

[29]徐青.水利工程一体化管控系统[M].郑州:黄河水利出版社,2022.

[30]杨念江,朱东新,叶留根.水利工程生态环境效应研究[M].长春:吉林科学技术出版社,2022.

[31]于萍,孟令树,王建刚.水利工程项目建设各阶段工作要点研究[M].
长春:吉林科学技术出版社,2022.

[32]张雪锋.水利工程测量[M].北京:中国水利水电出版社,2020.